Börner • Mecklenburgische Seenplatte

Streifzüge durch die Erdgeschichte

herausgegeben von Dr. Gunnar Meyenburg

Die faszinierendste Geschichte der Erde ist die Geschichte der Erde selbst. Namhafte Autoren vermitteln in der Buchreihe „Streifzüge durch die Erdgeschichte“ einen anschaulichen, lebendigen und verständlichen Einblick in die oftmals spektakulären Prozesse der Entwicklung unseres Lebensraums über Hunderte von Millionen Jahren. Jeder einzelne Band motiviert die Leser, den Spuren der erdgeschichtlichen Entwicklung im Gelände zu folgen und auch teilweise heute noch wirksame Kräfte kennen zu lernen. In Verbindung mit vielfältigen, ergänzenden Informationen zu Lehrpfaden, Mineral- und Fossilfundstellen, Museen, Schaubergwerken und vieles andere mehr, ist jeder Band der Reihe die ideale geotouristische Begleitung und abgestimmt auf die Besonderheiten der jeweils behandelten Region. Die Abschnitte sind dabei so gewählt, dass sie bequem zu Fuß erkundbar sind.

Bereits lieferbar:

Nördliche Rhön, Nördliche Oberpfalz, Nationalpark Berchtesgaden, Lahn-Dill-Gebiet, Hunsrück, Fichtelgebirge, Mecklenburgische Eiszeitlandschaft, Altmühltal

Demnächst erscheinen:

Südlicher Schwarzwald, Geopark Östliches Sauerland, Asse, Elm und Lappwald, Nordwesthessisches Berg- und Senkenland, Harz.
Weitere Regionen in Vorbereitung.

Falls Sie laufend über die Neuerscheinungen informiert werden möchten, nutzen Sie bitte die Bestellkarte in der Mitte des Buches.

Legende

Die Nummern entsprechen den im Exkursionskapitel und im Kapitel „Nützliches und Informatives" angegebenen. Geographische Koordinaten der Aufschlüsse und Aussichtspunkte finden Sie zusammen mit einer Kurzbeschreibung auf S. 109.

Aufschlüsse und Aussichtspunkte

1 Bronzezeitlicher Burgwall Pieverstorf (S. 31)
2 Alte Schäferscheune (S. 32)
3 Havelquelle Ankershagen (S. 33)
4 Findlingsgarten Friedrichsfelde (S. 34, 104)
5 Bronzezeitliche Hügelgräber bei Mollenstorf (S. 36)
6 Kapellenberg bei Klein Vielen (S. 37)
7 Bronzezeitliche Hügelgräber bei Klein Vielen (S. 38)
8 Blockpackung Pieverstorf in Pommerscher Endmoräne (S. 39)
9 Rundweg um Glambecker See (S. 40)
10 Fossiles Steilufer und Seeterrasse am Zierker See (S. 42)
11 Findlingsgarten Büteberg bei Prälank (S. 43, 104)
12 Hohe Rhön, Kiesrücken (S. 44)
13 Riesenfindling Adamstein (S. 44)
14 Halbinsel Helgoland am Zierker See (S. 45)
15 Burgfried Wesenberg, Aussichtspunkt (S. 46)
16 Findlingsgarten Wesenberg (S. 47, 104)
17 Rotemoorberg bei Ahrensberg (S. 48)
18 Below-Teerofen (S. 50)
19 Schleuse Voßwinkel (S. 50)
20 Useriner Horst / Bauernberg, Kiessandrücken (S. 50)
21 Dünenfeld bei Zwenzow mit Wolfsfang (S. 52)
22 Rundweg Havelstein (S. 54)
23 Dünen und Flugsande bei Babke (S. 54)
24 Blüchereiche bei Schillerstorf (S. 55)
25 Ausblick zum Krummen See (S. 56)
26 Fischerei Babke am Havelkanal (S. 57)
27 Fischadler-Beobachtung und Rundweg am Zotzensee (S. 58)
28 Sterbender Wald am Tannensee (S. 58)
29 Holzbrücke über den Pagelsee (S. 59, 61)
30 Boots-Schienenbahn an der Havel (S. 59)
31 Schaumberg, Kiessandrücken (S. 60)
32 Aussichtspunkt Nürnberge, Rohrdommel-Rundweg (S. 61)
33 Alte Tongruben der ehem. Ziegelei Zartwitz (S. 62)
34 Niederung westlich von Lapitz (S. 65)
35 Rastplatz am Wokuhlsee (S. 65)
36 Kiesgrube am Zieskensee (S. 66)
37 Burgwall am Frauentog See (S. 67)
38 Burgwall am Großen Stadtsee (S. 68)
39 Findlingspyramide Tempelberg, Aussichtspunkt (S. 68)
40 Aussichtspunkt Blocksberg (S. 69)
41 Riesenfindling an der Krappmühle (S. 69)
42 Parkplatz Rundweg Malliner Wasser (S. 69)
43 Rastplatz Zirzower Mühle (S. 71)
44 Riesenfindling De groote Steen bei Blankenhof (S. 71)
45 Geothermieanlage Waren (S. 73)
46 Feisnecksee mit Burgwallinsel (S. 75)
47 Rundweg am Wienpietschsee, Moorsteg (S. 76)
48 Naturschutzstation Müritzhof, historische Ziegelei (S. 76, 106)
49 Aussichtsturm Käflingsberg (S. 77)
50 Müritz-Steilufer mit Blockanreicherung bei Rechlin (S. 79)
51 Burgruine Morin bei Ludorf (S. 81)
52 Aussichtspunkt Kiesgrube am Steinhorn, Bodenprofil, Strandwallbildungen (S. 83)
53 Tempelberg Marienkirche Röbel (S. 85)
54 Fossiles Uferkliff mit Seeterrasse am Campingplatz Gotthun (S. 87)
55 Findling am fossilen Uferkliff mit Seeterrasse bei Klink (S. 89)
56 Findlingsgarten Müritzeum (S. 90, 105)
57 Bodenprofil im Pommerschen Sander am Tiefwarensee (S. 91)
58 Profil Geschiebemergel und Beckenschluffe am Tiefwarensee (S. 91)

Museen und Info-Einrichtungen

59 NP-Info Blankenförde (S. 53, 103)
60 NP-Info und Gutshaus Boek (S. 103)
61 NP-Info Federow (S. 76, 103)
62 NP-Info Friedrichsfelde (S. 34, 103)
63 NP-Info Kratzeburg (S. 30, 104)
64 NP-Info und Touristinformation Neustrelitz (S. 104)
65 NP-Info Schwarzenhof (S. 104)
66 NP-Info und Tourist Information Waren (S. 104)
67 Museum Alte Burg Penzlin (S. 63, 105)
68 Heimatstube und Gutsschloss in Ludorf (S. 82, 105)
69 Heinrich-Schliemann-Museum in Ankershagen (S. 35, 105)
70 Müritzeum Waren (S. 90, 105)
71 Museum und Touristen-Information Wesenberg (S. 46, 105)
72 Nationalparkamt Müritz in Hohenzieritz (S. 106)
73 Slawendorf Passentin (S. 42, 106)
74 Vylym-Hütte Userin (S. 51, 106)

Streifzüge durch die Erdgeschichte

Andreas Börner

Mecklenburgische Seenplatte

Eiszeitmeer und Lesesteine

edition
Goldschneck
im Quelle & Meyer Verlag

Der Herausgeber:

Dr. Gunnar Meyenburg
Osterstraße 187
20255 Hamburg
e-Mail: info@sci-script.de

Die Ratschläge in diesem Buch sind vom Autor und dem Verlag sorgfältig erwogen und geprüft, dennoch kann keine Garantie übernommen werden. Eine Haftung des Autors bzw. des Verlages und seiner Beauftragten für Personen-, Sach- und Vermögensschäden ist ausgeschlossen.

Bibliografische Information Der Deutschen Nationalbibliothek
Die Deutsche Nationalbibliothek verzeichnet diese Publikation in der Deutschen Nationalbibliografie; detaillierte bibliografische Daten sind im Internet unter http://dnb.d-nb.de abrufbar.

Fotos: Andreas Börner (wenn nicht anders angegeben)
Topographische Karte: Theiss Heidolph, Kottgeisering
Satz: Gunnar Meyenburg, Hamburg
Druck und Verarbeitung: www.schreckhase.de
Printed in Germany/Imprimé en Allemagne
ISBN 978-3-494-01528-6

Zur Reihe „Streifzüge durch die Erdgeschichte"

Liebe Leserinnen, liebe Leser,

das wachsende Interesse an Natur und Umwelt hat in den vergangenen Jahren auch bei geowissenschaftlich orientierten Themen nicht Halt gemacht. Oftmals waren es Naturereignisse, die die Geowissenschaften stärker in das Licht der Öffentlichkeit gerückt haben, aber auch Fragen, die unsere Zukunft betreffen. Die Deckung des Rohstoffbedarfs und die Diskussion um klimatische Veränderungen und deren Ursachen und Folgen sind nur einige Beispiele.

Die Erde und das Leben auf diesem Planeten haben im Laufe ihrer Entwicklung ausgesprochen vielfältige und dramatische Veränderungen erfahren. Vieles davon lässt sich an den Gesteinen als deren stumme Zeugen trotz ihres oft schwer vorstellbaren Alters, aber auch an der Gestalt der Landschaft ablesen. Gerade dieser Blick in die Vergangenheit ist es, der uns Prognosen über Zukunftsszenarien erlaubt, indem die Rekonstruktion einstiger Umwelt- und Lebensbedingungen mit Vorgängen und Gesetzmäßigkeiten verknüpft werden, die zu diesen Bedingungen geführt haben.

Natürlich steckt hinter diesem Erkenntnisgewinn weit mehr als das, was sich dem Betrachter geologischer Objekte vor Ort erschließen kann. Akademische Diskussionen sind jedoch nicht Gegenstand dieser allgemeinverständlich gehaltenen Reihe. Die Autoren und ich möchten Ihnen vielmehr Erdgeschichte zum Erleben bieten und Sie dazu auf eine ereignisreiche und spannende Reise mitnehmen. Die Buchreihe „Streifzüge durch die Erdgeschichte" richtet sich vor allem an all jene, die sich nicht ausschließlich an der Schönheit und den Eigenheiten von Landschaften erfreuen möchten, sondern sich zugleich auch Gedanken über deren Entstehung machen und nach entsprechenden Antworten suchen.

Sie will motivieren, sich auf die Suche nach den Spuren der äußerst bewegten Erdgeschichte Deutschlands und Mitteleuropas zu begeben und die mit ihr untrennbar verbundene Geschichte des Lebens selbst nachzuempfinden, ohne dass hierzu eine fachliche Vorbildung vonnöten wäre. Die einzelnen Bände begnügen sich nicht mit einer isolierten, steckbriefartigen Darstellung geologischer Objekte, sondern stellen die Synthese von Einzelinformationen zu einem Gesamtbild zur Entwicklungsgeschichte einer Landschaft stark in den Vordergrund. Die Größe der jeweils vorgestellten Gebiete ist daher auch überschaubar gehalten.

Ich möchte mich an dieser Stelle bei allen Autoren, die an dieser Buchreihe mitwirken, bedanken, die den komplexen Stoff der Intentionen der Reihe entsprechend verständlich und anschaulich darstellen.

Ganz ohne Fachtermini geht es dabei allerdings nicht. Damit der Lesefluss nicht durch Begriffserklärungen gestört wird, wurde die Marginalspalte genutzt, um wichtige Begriffe kurz zu erläutern oder auch andere Hinweise zu geben. Der dort in blauer Schrift gehaltene Text dient der leichteren Navigation innerhalb der Kapitel.

Nun wünsche ich Ihnen viel Freude und aufschlussreiche Einblicke in die Erdgeschichte bei Ihren geologischen Streifzügen.

Dr. Gunnar Meyenburg
Herausgeber

Inhalt

Geologie und Landschaft des Penzliner Landes und der Mecklenburgischen Seenplatte

Beim Betrachten der Landschaft zwischen Neustrelitz und Waren an der Müritz werden sich viele an den Begriff der Glazialen Serie erinnern. Die Böden dieser Region bestehen häufig aus Sanden und Lehmen, die als Hinterlassenschaft der letzten Eiszeit gelten. Wer kann sich aber wirklich vorstellen, dass hier noch vor 17 000 Jahren mehrere hundert Meter mächtiges Gletschereis gelegen hat? In dieser Region des Norddeutschen Tieflandes findet man häufig große Seen und vermoorte Niederungen. Gerade die Mecklenburgische Seenplatte ist berühmt für diese Seenvielfalt, die zumeist von waldreichen Landschaften umgeben ist.

Es war in der Vergangenheit schwer vorstellbar, dass die Landschaft Norddeutschlands durch die Wirkung von Gletschereis geprägt wurde, beträgt doch heute die Entfernung zum nächsten Gletscher in Norwegen oder in den Alpen etwa 800 km. Unzählige naturwissenschaftliche Forschungsergebnisse aus den letzten 150 Jahren belegen, dass diese Landschaft ein Erbe von riesigen Vergletscherungen im Verlauf der letzten 400 000 Jahre ist. Das Eiszeitalter wird auch als Pleistozän bezeichnet. Die letzte Eiszeit endete vor etwa 11 500 Jahren und hinterließ uns das Jungmoränengebiet mit frischen Landschaftsformen. Auf vielen Ackerflächen der Grundmoränen werden durch das alljährliche Pflügen immer wieder große Steine aus dem Boden hervorgebracht, die Geschiebe oder Findlinge genannt werden. Diese Findlinge wurden in den letzten Jahrhunderten beständig von den Ackerflächen abgesammelt und von Steinschlägern zu Werksteinen verarbeitet. Viele historische Wege und Bauwerke bestehen aus zerschlagenen Findlingen.

Das skandinavische Inlandeis hinterließ auch viele Lagerstätten von Kiesen, Sanden und feinen Beckentonen, die heute den gesellschaftlichen Rohstoffbedarf decken. In diesem geologischen Führer wird erläutert, wieso gerade in diesem Teil Mecklenburgs so viele Seen wie an einer Perlschnur aneinandergereiht auftreten. Die waldreiche Region der Mecklenburgischen Seenplatte wird nicht zu Unrecht das Land der Tausend Seen genannt. Neben der schönen Landschaft sind vor allem

Der Wokuhlsee bei Puchow ist ein typischer, langgezogener Rinnensee, der durch tiefe Schmelzwasserrinnen unter dem Eis gebildet wurde.

im Müritz-Nationalpark viele Tierarten zu beobachten, die in anderen Teilen Deutschlands sehr selten sind.

Das Exkursionsgebiet

Die vorgestellte Region umfasst den südwestlichen Teil des Geoparks Mecklenburgische Eiszeitlandschaft. Hier besteht die Eiszeitroute Mecklenburgische Eiszeitlandschaft aus einem Radwegenetz, das zu vielen geologisch oder geomorphologisch interessanten Punkten mit Schautafeln, Führungsangeboten und Ausstellungen führt, um die Verbindung zwischen Landschaft und geologischer Entstehung darzustellen. Im Zentrum des Geoparks steht ein Geotourismuskonzept, mit dem das geologische Naturerbe der Öffentlichkeit zugänglich gemacht werden soll. Zusätzlich zum geologischen Inventar verfügt der Geopark über archäologische, ökologische und kulturelle Sehenswürdigkeiten. Grundbausteine des Geoparks bilden Aktionszentren, die durch die Eiszeitroute verbunden sind. Das Geopotenzial dieser Region besteht vor allem aus sichtbaren Landschaftselementen einer glazialen Jungmoränenlandschaft wie z. B. Endmoränen, Rinnenseen, langgestreckten Osern oder Grundmoränen. Auch finden sich geschützte Geotope und geologische Sehenswürdigkeiten wie Blockpackungen und Riesenfindlinge mit Volumina > 10 m^3 im Exkursionsgebiet.

Dieses Buch ergänzt regional den geologischen Führer zur östlich angrenzenden Region zwischen dem Tollensesee und der Feldberger Seenlandschaft (BÖRNER 2012). In dem hier vorliegenden Buch werden viele Sehenswürdigkeiten der geotouristischen Karte zum Geopark Mecklenburgische Eiszeitlandschaft (BÖRNER et al. 2007) näher erläutert.

geopark mecklenburgische eiszeitlandschaft

Dieses Logo begleitet den Besucher auf seinen Streifzügen durch den Geopark.

Zur älteren Erdgeschichte dieser Region

Die Kenntnis über den tiefen geologischen Bau verdanken wir im Wesentlichen der umfangreichen Bohrtätigkeit zur Erkundung der Bodenschätze wie z. B. Braunkohle, Eisenerz, Erdöl und Erdgas seit 1900. Die tiefste Bohrung Mecklenburg-Vorpommerns ist die Bohrung Mirow bei Schwarz/Buschhof mit 8 008 m Tiefe und ist damit gleichzeitig eine der tiefsten Bohrungen in Europa! Die folgende Zusammenstellung stellt nur einen kurzen Abriss der wichtigsten Gesteinsformationen im Untergrund dar. In der „Geologie von Mecklenburg" (KATZUNG 2004) findet man eine ausführliche Zusammenstellung aller im Untergrund von Mecklenburg-Vorpommern anstehenden Gesteinsformationen.

Der Nordosten Deutschlands ist mindestens seit dem Beginn des Kambrium (542 Mio. Jahre, DSK 2012) ein Gebiet, in dem unterschiedliche Gesteine abgelagert wurden. Vor ca. 300 Mio. Jahren wurden diese Schichten während der variszischen Gebirgsbildung, verbunden mit kräftigen vulkanischen Aktivitäten, zu Gebirgsketten aufgefaltet. Mecklenburg-Vorpommerns erdgeschichtliche Entwicklung wird seit dem Beginn des Zechstein (258 Mio. Jahre) durch seine Position in einem tektonisch beeinflussten Senkungsgebiet bestimmt. Die großen Mächtigkeiten der mesozoischen und tertiären Schichtenfolgen lassen erkennen, dass sich seit dem Zechstein das Norddeutsche Becken großräumig abgesenkt hat. Der Untergrund wurde durch die Verwitterung eingeebnet und sank allmählich in größere Tiefen ab, sodass das Meer unsere Region überfluten konnte. Im Zechstein herrschten heiße Klimate und das Meerwasser verdunstete in verschiedenen Zyklen. Auf dem Gebiet des heutigen Mecklenburg-Vorpommerns wurden im Zechsteinmeer mächtige Salzschichten (Chloride und Sulfate) in Vergesellschaftung mit Karbonaten, Dolomiten und Anhydriten abgelagert.

tektonisch: die Bewegungsvorgänge in der Erde betreffend

Mit dem Beginn der Trias vor 251 Mio. Jahren herrschten trockene Klimate und das Meer zog sich sukzessive zurück. Vornehmlich durch Flusssysteme wurden im Buntsandstein mächtige Sandsteinschichten gebildet, die im Ablagerungsraum östlich der heutigen Müritz durchschnittlich 1 000 m Mächtigkeit erreichen. In der Mittleren Trias (Muschelkalk) wurden in Meeresbecken Kalksteine, Mergel und Tonsteine sedimentiert, die im Exkursionsgebiet im Mittel 360 m mächtig sind. Im Keuper, der obersten Epoche der Trias, wurden im randmarinen Sedimentationsmilieu Sandsteine abgelagert, die in günstiger Tiefenlage wichtige Reservoire für Thermalwässer darstellen. Die Mächtigkeiten des Keuper betragen östlich der Müritz um 600 m, nehmen aber südlich der Müritz deutlich zu.

Zur Nutzung geothermischer Energie in Waren s. Seite 73

Ab dem Unteren Jura (Lias, Hettang) vor ca. 200 Mio. Jahren dominieren marine Ablagerungsbedingungen. Zum Mittleren Jura (Dogger, 178 Mio. Jahre) verstärken sich Verlandungstendenzen. Es kommt zunehmend zur Ablagerung von sandigen fossilführenden Sedimenten. Besonders die aus dem Callov (164 Mio. Jahre) werden wegen ihres Fossilreichtums von Sammlern geschätzt. Ablagerungen des Oberen Jura (Malm) sind im Gebiet zwischen Waren und Neustrelitz nicht nachgewiesen.

Das Müritzeum in Waren (Seiten 90 und 105) beherbergt eindrucksvolle Exponate

Das Norddeutsche Becken wurde in der Kreidezeit von großräumigen Senkungstendenzen beherrscht, sodass das Gebiet wieder vom Meer eingenommen wurde. In der Oberen Kreide wurden im Exkursionsgebiet Mergel, Kalke, Tone und vor allem die bekannte Schreibkreide (Maastricht, 71 Mio. Jahre) abgelagert. Südlich der Müritz kam es seit der Oberkreide zu halokinetischen Hebungen, die das Sedimentationsmilieu regional beeinflusst haben. Über Salzkissen und Salzdiapiren wurden ältere Gesteinsschichten emporgehoben und liegen heute in deutlich geringeren Tiefen.

Halokinese: durch Auflast- oder Gebirgsdruck verursachte Bewegung der zähfließenden Salze

Salzkissen, -diapir: kissen- bzw. pilzartige Aufragung von Salzschichten im Untergrund

Das Tertiär begann vor 65 Mio. Jahren. Die Norddeutsch-Polnische Senke entwickelte sich von der Nordsee über Hamburg, das Elbegebiet und Berlin bis zur Niederlausitz und Westpolen. In diesem Trog senkte sich stetig der Untergrund, sodass hier die Ablagerungen der verschiedenen Stufen im Tertiär sehr mächtig wurden. Im Eozän (55 – 35 Mio. Jahre) lag über ganz Mecklenburg-Vorpommern ein tiefes Meer, in welchem hauptsächlich Tone und kalkige Tonmergel sedimentiert wurden. Nach einer Unterbrechung am Übergang zum Oligozän kehrte das Meer vor ca. 34 Mio. Jahren zurück. Im Unteren Oligozän wurden fette, bläulichgraue Tone abgelagert. Nach dieser Meeresausdehnung zog sich das Meer im Mitteloligozän nach W zurück.

Zu Beginn des Oberoligozän (vor 28,5 Mio. Jahre, Chatt) lag die Küstenlinie ungefähr zwischen der Mecklenburger Bucht und der Uckermark. Es kam in Flachwasserbereichen zur Ablagerung von glimmerreichen Feinsanden, die vor allem durch ihren starken Fossilienreichtum (zumeist Mollusken im sogenannten Gestein des Sternberger Kuchens) in Kiesgruben im Raum Sternberg – Schwerin auffallen.

Mollusken: Weichtiere mit Kalkschalen, zu denen u. a. Muscheln und Schnecken gehören

Vor ca. 24 Mio. Jahren, im Miozän, veränderte sich das Ablagerungsmilieu. Nun wurden zumeist quarz- und glimmerreiche Schluffe, Sande und Kiese abgelagert, die im randmarinen Flachwassermilieu zusammen mit Braunkohlenschluffen und Diatomeenkohle vergesellschaftet auftreten. Ablagerungen aus dieser Zeit können auch baltischen Bernstein, das „Gold des Nordens", in sich bergen. Im ausgehenden Miozän vor 6 Mio. Jahren zog sich das Meer nach W zurück. Norddeutschland war im beginnenden Pliozän zu einer flachen Landschaft geworden, in der nur schwache tektonische Bewegungen erfolgten.

Diatomeen: mikroskopisch kleine, einzellige Algen mit hartschaligen Zellwänden aus Silikaten

Im Pliozän bis zum Beginn des Pleistozän hatte sich von Skandinavien und angrenzenden baltischen Gebieten über das heutige Ostseebecken bis Norddeutschland das Eridanos-Flusssystem entwickelt. In diesen Eridanos-Urstrom mündeten auch von Süden kommende Flüsse. Die N – S-gemischten Flussablagerungen sind seit der Erstbeschreibung von WERNER VON BÜLOW (1969) in Südwestmecklenburg als Loosener Kiese bekannt.

Die Festlegung der Untergrenze des Pleistozän gestaltet sich schwierig, da es hier nur einen allmählichen Übergang der Faunen- und Florengesellschaften gibt. Erst in jüngerer Zeit setzte sich der Zeitpunkt der Umpolung des Erdmagnetfeldes von der geomagnetisch-positiven Gauss-Epoche in die geomagnetisch-negative Matuyama-Epoche als festgelegte Grenzmarke durch (DSK 2012). Dieses Ereignis fand vor 2,55 Mio. Jahren statt. Zu diesem Zeitpunkt war die Abkühlung auf der Erde durch den Aufbau des antarktischen Inlandeises und die Abkühlung des Meereswassers so weit vorangeschritten, dass Kälteperioden durch periglaziäre Ablagerungen nachgewiesen wurden.

In periglazialen Gebieten herrschen subarktische Bedingungen mit Dauerfrostboden

Eiszeitforschung und Glaziale Serie

Frühe Theorien zur Herkunft der Findlinge

Es hat lange gedauert, bis eine stimmige Theorie für die Geologie Norddeutschlands gefunden wurde. Um 1790 war es die Schlamm- oder Geröllfluttheorie von GEORG ADOLF VON WINTERFELD, die den Transport der Findlinge und der Moränenablagerungen durch Wasser oder Schlammströme zu erklären versuchte. Der aus Stolpe in der Uckermark stammende Wissenschaftler LEOPOLD VON BUCH (1827) übertrug den schlammreichen Ausbruch eines Gletschersees im Schweizer Kanton Wallis auf das nördliche Tiefland Mitteleuropas und leitete eine Schlammflut von Skandinavien her ab. Von diesem Zeitgeist beeinflusst, beschrieb ERNST BOLL im Jahre 1846 die erste umfassende geologische Entstehungsgeschichte von Mecklenburg. Zu dieser Zeit war aber schon bekannt, dass viele Findlinge aufgrund ihrer petrographischen Zusammensetzung nur aus Schweden stammen konnten. JOHANN SILBERSCHLAG (1780) deutete die zumeist runden Sölle im Norddeutschen Tiefland als Einschlagskrater vulkanischer Gesteinsbrocken. Deshalb favorisierte Boll die These vom vulkanischen Ursprung der Findlinge und erklärte deren Ablagerung durch mächtige vulkanische Eruptionen in Skandinavien.

Zu dieser Zeit war ebenfalls bereits bekannt, dass vom Polareis abgelöste Eisberge mit eingefrorenem Gesteinsschutt durch südwärts gerichtete Strömungen abtreiben können. Auf Grund dieser Beobachtungen entwickelten einige Forscher, wie der international bekannte Geologe CHARLES LYELL (1840), die Drifttheorie, nach der ein unter Polareinfluss stehendes Meer bis an die europäischen Mittelgebirge gereicht hat. Nach dieser Drifttheorie hätten treibende Eisberge auch die Findlinge skandinavischen Ursprungs bis ins nördliche Mitteleuropa getragen.

Die Vorstellung ausgedehnter Vergletscherungen setzt sich durch

LOUIS AGASSIZ publizierte 1840 seine bahnbrechenden Erkenntnisse, dass alle Gebiete mit erratischen Blöcken, so auch das nördliche Europa, in der Vergangenheit vergletschert gewesen sein mussten. Der schwedische Geologe OTTO TORRELL deutete 1859 Schrammen auf Felsgestein in Schweden als Spuren von Felsgeschieben, die an der Basis von Gletschereis über den Untergrund geschoben wurden und somit als Gletscherschrammen bezeichnet werden. Gemeinsam mit deutschen Geologenkollegen besuchte Torrell in Jahre 1875 den Aufschluss von Rüdersdorf östlich von Berlin und deutete die dort auf der Muschelkalkoberfläche auftretetenden Gletscher-

Die meisten **Eiszeithypothesen** stammen nicht von Geologen, sondern von Physikern oder Astronomen. Bei der Betrachtung moderner Klimahypothesen zeigt sich, dass während der Erdgeschichte auch ohne Wirkung des Menschen große Klimaschwankungen sehr unterschiedlicher zeitlicher Größenordnungen auftraten. Es werden drei große Eiszeitalter mit etwa 275 Mio. Jahren Abstand im frühen Kambrium, am Übergang Karbon – Perm und schließlich im Quartär unterschieden.
Der Einfluss der primären Sonnenstrahlung muss in die Überlegungen einbezogen werden, da es nachgewiesen ist, dass kurzfristige periodische Schwankungen der Sonnenstrahlung schwache Klimaschwankungen auf der Erde auslösen können. Die Änderung der Zusammensetzung der Erdatmosphäre, insbesondere ihres CO_2-Gehaltes, wird ebenfalls als wichtiger Faktor für globale Klimaveränderungen angesehen. Auch könnten tektonische Aktivitäten am nördlichen Mittelozeanischen Rücken oder im Bereich der Arktis klimarelevante Strömungsverhältnisse im Atlantik beeinflusst haben.
Das verstärkte Auftreten von vulkanischen Aschen in der Erdatmosphäre wird ebenfalls zur Erklärung der Vergletscherungen herangezogen. Es ist erwiesen, dass große vulkanische Ausbrüche auch globale klimatische Auswirkungen hatten und z. B. nach dem Vulkanausbruch des Krakatau 1883 die Jahresdurchschnittstemperaturen auf der Nordhalbkugel mehrere Jahre um 0,5 – 0,8 °C sanken. Als alleinige Ursache für Vergletscherungen sind sie bis heute aber noch nicht ausreichend belegt. Einige moderne Eiszeithypothesen versuchen, mehrere Ursachen miteinander zu verbinden, sodass ein zeitliches Zusammentreffen verschiedener ungünstiger Faktoren für das Auslösen einer Klimaabkühlung und einer größeren Vergletscherungsphase verantwortlich sein könnte.

schrammen als eindeutigen Beleg für eine Vergletscherung durch skandinavische Inlandeismassen. Die letzten Zweifel an der Glazialtheorie Norddeutschlands wurden 1879 mit dem Aufsatz von ALBRECHT PENCK über die Geschiebeformationen Norddeutschlands ausgeräumt. Die erste systematische geologische Kartierung in Mecklenburg wurde durch den Rostocker Geologe EUGEN GEINITZ realisiert, der auch Gründer der ersten Geologischen Landesanstalt Mecklenburgs war und 1922 eine erste umfassende Arbeit zur Geologie Mecklenburgs veröffentlichte. Für das östlich angrenzende Pommern publizierte 1907 der Greifswalder Professor WILHELM DEECKE die erste geologische Zusammenfassung.

Der heutige Kenntnisstand

Heute ist bekannt, dass bereits zu Beginn des quartären Eiszeitalters, als die Klimaverschlechterung gerade erst begann, viele wärmeliebende Pflanzenfamilien aus unseren Regionen verschwanden. Nach einer großen Kältephase (Glazial) mit einer Inlandeiskappe folgte eine Wärmeperiode (Interglazial) mit Klimabedingungen, die den heutigen Verhältnissen sehr ähnlich waren. Innerhalb der Glazial-Interglazial-Zyklen gab es aber auch weitere untergeordnete zyklische Wechsel von kühleren (Stadiale) und wärmeren (Interstadiale) Klimaphasen. Die ersten Publikationen zu einer mehrfachen Vergletscherung Norddeutschlands sind Forschern wie PENCK (1879, 1882) oder DAMES (1886) zu verdanken. Für Norddeutschland sind bis jetzt drei große Vereisungsphasen bekannt, die von den altvorderen Geologen ihrer Ausdehnung entsprechend nach großen Flüssen benannt wurden. Die zwischenliegenden Warmzeiten wurden dagegen nach der Region ihrer Erstbeschreibung, dem sogenannten „locus typicus", benannt. Die quartären Klimaschwankungen sind in den Abfolgen von Pflanzengesellschaften über Pollenanalysen oder anderen ökologisch auswertbaren Zeigerarten, wie Diatomeen oder Mollusken, nachvollziehbar.

Zur Pollenanalyse s. Kap. „Die Pollenanalyse – eine relative Altersdatierung" auf Seite 93

Die älteren Vereisungsphasen

Trotz mehrerer kräftiger Kaltphasen im Früh-Pleistozän erreichte das skandinavische Inlandeis erst vor ca. 475 000 Jahren im Elster-Glazial das norddeutsche Gebiet. Die Elster-Vergletscherung bildet in Deutschland den am weitesten nach S reichenden Eisvorstoß und reichte u. a. bis in das Elbsandsteingebirge und endete vor ca. 330 000 Jahren mit dem Beginn des Holstein-Interglazials (DSK 2010). Die maximale Verbreitung des skandinavischen Inlandeises ist im Südosten Deutschlands durch die sogenannte „Feuersteinlinie" dokumentiert, da der Feuerstein durch das skandinavische Inlandeis aus den Oberkreideablagerungen im Ostseebecken bzw. Norddeutschlands abgetragen und am Mittelgebirgsrand abgelagert wurde. Dem Elster-Glazial folgte die Warmzeit des Holstein-Interglazials. Die zweite große Vergletscherungsphase wird als Saale-Glazial bezeichnet und fand zwischen 150 000 und 128 000 Jahren v. h. statt (DSK 2010). Das Saale-Glazial wurde durch die Warmzeit des Eem-Interglazials ca. 128 000 Jahre v. h. beendet.

Die jüngste Vergletschung

In der letzten skandinavischen Vereisungsperiode, dem Weichsel-Glazial, kühlte sich die Winterdurchschnittstemperatur im mitteldeutschen Raum auf ca. – 15 °C (heute ca. + 3 °C) und die Sommerdurchschnittstemperatur auf Werte um ± 0 °C ab (KAHLKE 1984). In den Gletscherzonen entstand ein Schneeüberschuss, durch welchen sich der Eispanzer über Skandinavien immer weiter lateral ausbreitete. Der Einfluss der schneebedeckten Oberfläche führte zur Ausbildung von periglazialen Klimagürteln mit Dauerfrostboden um das Inlandeis. Das Klima der Glazialgebiete änderte sich innerhalb einer Vergletsche-

Gliederung	Feingliederung	Beginn in 1 000 Jahren vor heute
	Holozän	~ 11,6
Weichsel-Spätglaz.	Jüngere Dryas	~ 12,7
	Allerød-Interstadial	~ 13,3
	Ältere Dryas	~ 13,5
	Bølling-Interstadial	~ 13,7
	Älteste Dryas	~ 13,8
	Meiendorf-Interstadial	~ 14,6
Weichsel-Hochglaz.	Mecklenburg-Phase	~ 16
	Pommern-Phase Früh-Pommern Staffel	~ 17,5
	Blankenberg-Interstadial	?
	Frankfurt-Phase	~ 19
	Brandenburg-Phase	~ 24
Weichsel-Frühglazial	Interstadial	~ 28
	Stadial	~ 32
	Interstadial	~ 36
	Stadial	~ 39
	Interstadial	~ 48
	Stadial	~ 51
	Interstadial	~ 54
	Schalkholz-Stadial (Warnow-Vorstoß ?)	~ 58
	Interstadial	~ 75
	Stadial	~ 85
	Interstadial	~ 95
	Stadial	~ 115
	Eem-Interglazial	~ 128

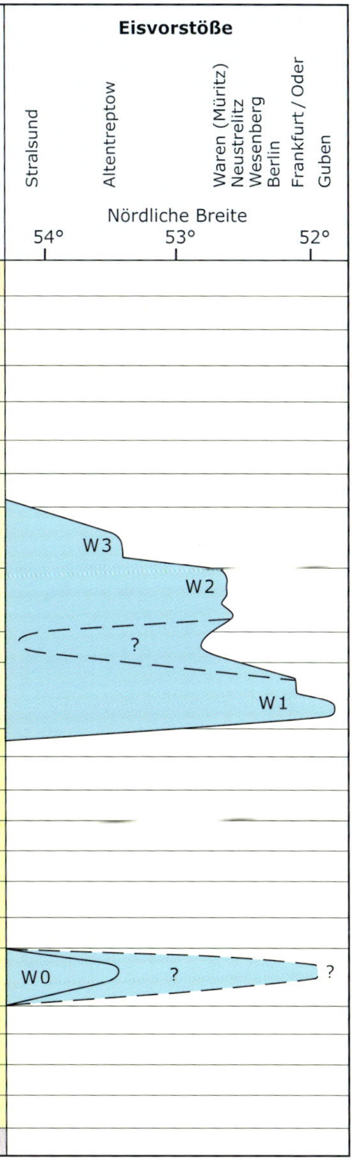

Detailgliederung des Weichsel-Glazials in Mecklenburg-Vorpommern (aus: MÜLLER 2004b, ergänzt BÖRNER 2011).

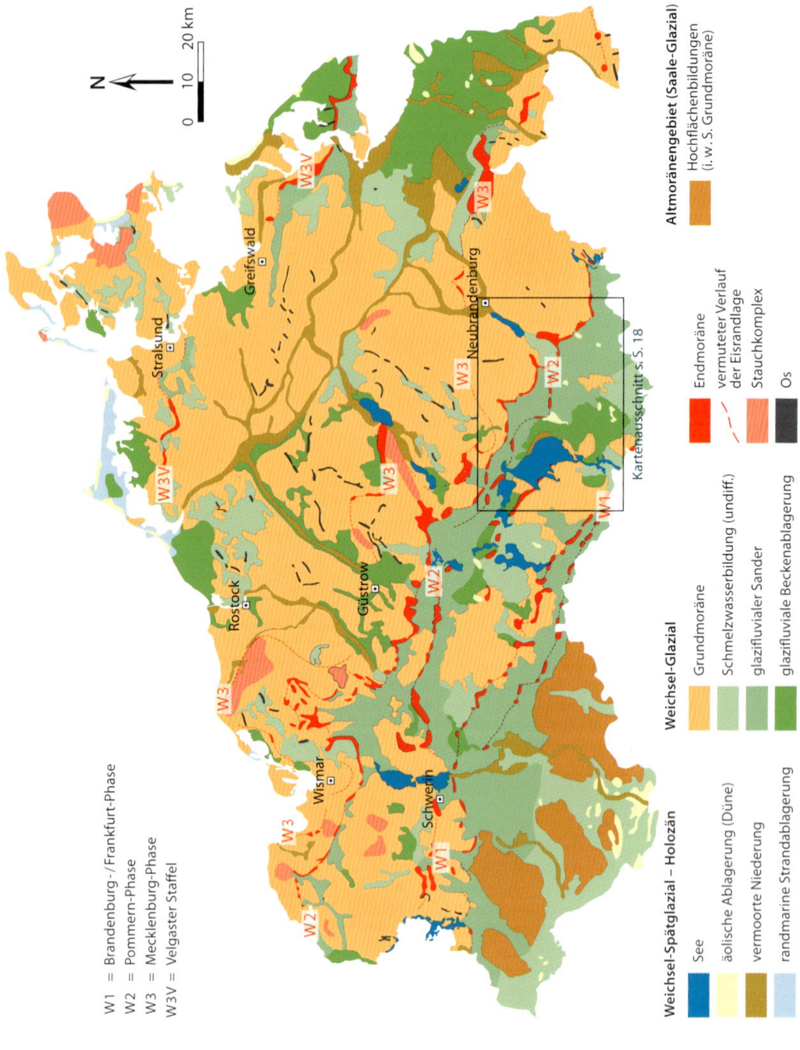

Vereinfachte geologische Übersichtskarte von Mecklenburg-Vorpommern (BÖRNER 2012, basierend auf BREMER 2000).

rungsphase von einem mäßig-kalten, feuchten Klima im Frühglazial zu einem trocken-kalten kontinentalen Klima im Hochglazial. Im Hochglazial wurde das Klima in Nordeuropa immer kälter und die Niederschläge fielen verstärkt als Schnee. Das skandinavische Inlandeis breitete sich weiter über das Ostseebecken aus und erreichte Norddeutschland nach neueren Untersuchungen vor ca. 24 000 Jahren (DSK 2010).

Das landschaftliche Formeninventar der Glazialen Serie

Die während eines Eisvorstoßes im (inglazial), unter (subglazial) oder vor dem Eis (proglazial) ablaufenden Prozesse hinterließen Ablagerungen und Oberflächenformen, die allgemein als Glaziale Serie bezeichnet werden. Eine Glaziale Serie, ein Begriff, der 1909 von ALBRECHT PENCK und EDUARD BRÜCKNER für das nördliche Alpenvorland geprägt wurde, umfasst die Abfolge einer Vergletscherungsphase mit Grundmoräne, Endmoräne, Sander und Urstromtal. Der preußische Geologe GOTTLIEB BERENDT kartierte 1894 im Raum Chorin – Joachimsthal nordöstlich von Berlin erstmalig für Norddeutschland eine vollständige Glaziale Serie.

Die Gesteinszerkleinerung durch das Eis fand überwiegend in der basalen Gletscherzone statt, in der auch der Hauptanteil des Gesteinsschutts transportiert wurde. Die in Norddeutschland abgelagerte Geschiebefracht stammt aus dem südlichen und östlichen Skandinavien, dem Ostseebecken und dem ostbaltischen Raum. Die basale Gletscherschicht mit Gesteinsschuttanteilen von > 25 % konnte mehrere Meter mächtig werden. Beim Abschmelzen des Gletschers wurde Geschiebemergel als unsortiertes Korngemisch (Diamikt) aus transportiertem Material in der Grundmoräne abgelagert.

Geschiebemergel

Die unebene, wellige und gelegentlich sehr stark hügelige Grundmoränenlandschaft hinter der Endmoräne wird vorwiegend von Geschiebemergel eingenommen. Der Geschiebemergel ist an der Geländeoberfläche infolge der warmzeitlichen Bodenbildung zu kalkfreiem Geschiebelehm verwittert. Ein Mix aus Ton, Schluff, Sand, Kies, Steinen und riesigen Findlingen sind im Geschiebemergel enthalten. Obwohl sich in der glazialgeologischen Fachliteratur immer mehr der Begriff Till durchsetzt, wird in diesem Buch wegen der verständlicheren Terminologie weiterhin der klassische Begriff Geschiebemergel benutzt. Man unterscheidet zwischen dem Geschiebebestand (Grobskelett) und der feinen Grundmasse (Matrix) eines Geschiebemergels.

Mergel: kalkhaltiges toniges Sediment

Korngrößenfraktionen (in mm): Ton: < 0,002, Schluff: 0,002 – 0,063, Sand: 0,063 – 2, Kies: 2 – 63

Trotz der teilweise gewaltigen Ausmaße haben die größeren Findlinge und Geschiebe nur einen geringen Anteil an der

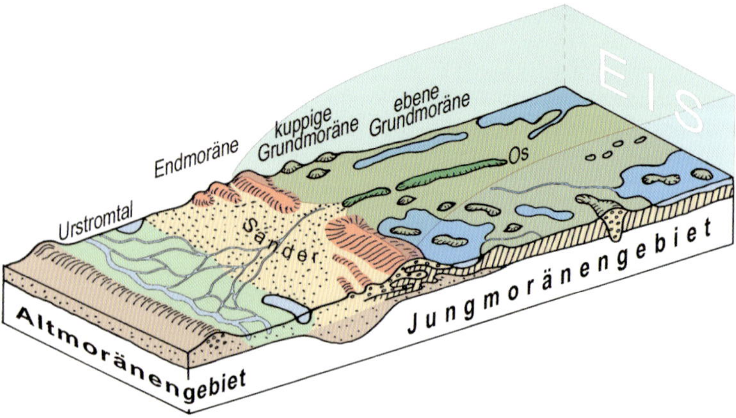

Der eiszeitliche Formenschatz wird auch als Glaziale Serie bezeichnet (aus: SONNTAG 2005b).

Gesamtmasse der Geschiebemergel, die bis zu 95 % aus einem Gemisch aus Ton, Schluff und Sand bestehen. Beim Zerfall eines Gletschers bilden sich isolierte Eiszonen aus inaktivem Toteis. Neben diesem inaktiven („toten") Eis sammeln sich in Senken und Beckenräumen Schmelzwässer und die von ihnen eingetragenen Sande, Beckenschluffe bzw. -tone. Dort, wo begrabenes Toteis besonders mächtig war, bildeten sich nach dem späteren Austauen Senken, die heute zumeist als Seen oder Moorniederungen zu erkennen sind. Ein kleineres rundliches Toteisbecken in der Grundmoräne bezeichnet man in Norddeutschland als ein Soll.

Toteisbildung und Sölle

Wo das zäh-plastische Inlandeis beim Vorwärtsfließen auf ein Hochgebiet stieß, konnte die Eismasse stauchend oder abschleifend wirken (Glazitektonik). Bei diesen Deformationen des Untergrundes wurden riesige Gesteinspakete aus dem Untergrund herausgerissen und im vorrückenden Inlandeis als Schollen über größere Entfernungen transportiert. Das Skandinavische Inlandeis wurde von Eisspalten durchzogen. Man unterscheidet zur Vorstoßrichtung orientierte Radialspalten von Quer- oder Marginalspalten. In diesen Spalten sammelte sich Schmelzwasser, das im Eiskörper in geschlossenen Röhren mit unregelmäßigem Gefälle abgeführt wurde.

Glazitektonische Schollen

Unter dem Inlandeis (subglazial) existierten verzweigte Abflusssysteme, in deren Röhren riesige Schmelzwassermengen unter hohem Druck zum eisfreien Vorland abflossen. Diese subglazialen Rinnen verliefen zumeist in der Eisbewegungsrichtung entsprechend dem internen Spaltennetz im Inlandeis. In Phasen eines stagnierenden Eisvorschubs und des beginnenden Rückschmelzens floss immer mehr Schmelzwasser gebündelt über diese Spaltensysteme ab und transportierte enorme Mengen Sedimente zur Eisfront. Unter dem Eis schnitten sich die Schmelzwasserkanäle in den Untergrund ein. Durch das Abschmelzen weiteten sich die Rinnen zu großen Gewölben auf. Die aufgeweiteten Kanäle wurden instabil, bis große Eisblöcke in die Rinnenbecken stürzten. Das Schmelzwasser musste sich dann neue Abflussbahnen suchen und strömte mit seiner Sedimentfracht über und neben den hinabgestürzten Eisblöcken. Die durch Toteis blockierten Rinnenbereiche wurden daher nicht mit Schmelzwassersedimenten verfüllt.

Subglaziale Rinnen

Da im Spätglazial der Permafrostboden nur oberflächig auftaute, konnten die unter Sedimenten verborgenen Toteisblöcke lokal die große Abschmelzphase überstehen. Seit dem Beginn der Klimaerwärmung vor ca. 14 000 Jahren tauten der Dauerfrostboden und damit auch die Toteisblöcke im Untergrund immer weiter auf. Mit dem finalen Tieftauen entstanden Massendefizite, welche an der Oberfläche Grundbrüche mit Einsturzkratern (Toteiskessel, Sölle) verursachten.

Osertypen

Die Oser (Einzahl: das Os) sind langgestreckte, sich über Kilometer erstreckende, schmale, dammartige Wallberge. Die Oser entstanden durch Schmelzwasserabfluss in engen Rinnen oder Tunnelsystemen im oder unter dem Eis. Die Schmelzwasserströme transportierten große Sedimentmengen in das Gletschervorland. Mit geringerem Schmelzwasseraufkommen und sinkenden Strömungsgeschwindigkeiten wurden die Sedimente nicht weiter transportiert und blieben in den Schmelzwasserkanälen liegen. Oser zeigen den Verlauf des Abflusssystems im abschmelzenden Inlandeiskörper.

Subglaziale Oser werden in geschlossenen Röhren unter hydrostatischem Druck an der Basis des Gletschers gebildet. Nach dem Abschmelzen des Eises lagerte sich häufig eine Decke von Geschiebemergel über dem glazifluvialen Akkumulationskörper ab. Subglaziale Oser werden oft von angrenzenden Os-Begleitgräben in Form von langgezogenen Moorniederungen und Rinnenseen begleitet, die durch lokale Toteisabspaltungen entstanden.

Os, pl. Oser: Der ursprüngliche Begriff „Ås“ stammt aus Schweden und bezeichnet dort langgezogene Bergrücken

Aufpressungs-Oser werden in offenen Spaltensystemen zwischen abschmelzenden Toteisblöcken gebildet. In den zumeist unbedeckten glazifluvialen Kiessanden finden sich diapirartige Einpressungen vom liegenden Geschiebemergel. Diese Aufpressungen entstehen durch seitlichen Eisauflastdruck in durch Abschmelzprozesse aufgeweiteten Röhrensystemen, welcher den liegenden Geschiebemergel in die hangenden glazifluvialen Sedimente hineinpresst. Supraglaziale Oser entstehen in Schmelzwassersystemen, die auf dem Eis verlaufen.

liegend: bergmännisch für unterlagernd, Ggs.: hangend

Endmoränen

Der Schutt, den das Inlandeis vor sich herschob, blieb beim Stillstand und dem folgenden Abtauen als Endmoräne zurück. Man unterscheidet Satzendmoränen und Stauchendmoränen. Satzendmoränen sind nur aus eigenem, glazigen transportiertem Material der Gletschermoränen aufgebaut. Stauchendmoränen beinhalten neben eigenem Moränenmaterial auch Material des an der Stirnseite aufgestauchten Untergrundes.

Blockpackungen und Kesselmoore

Die Gletscherstirnseite taute auch während der Vorstoßphasen im Sommer etwas ab. Nahm dieser Schmelzvorgang zu, flossen Schmelzwasserströme von der Oberfläche des Gletschers an der Endmoräne hinab. Während dieses Prozesses wurden aus der Endmoräne lokal die feineren Bestandteile weggespült und es entstanden als Rückstand Blockanreicherungen. Diese Blockpackungen waren Abbaugebiete für Findlinge, die über viele Jahrhunderte in Norddeutschland von Steinschlägern zu Bausteinen weiterverarbeitet wurden. In Endmoränen liegen häufig abflusslose Kessel, die entweder wassergefüllt oder vermoort sind. Die als Kesselmoor bezeichneten Hohlformen sind in ihrer genetischen Entwicklung mit den Söllen der Grundmoränenlandschaft vergleichbar.

Gletschertore und Sander

Die meisten vom Schmelzwasser transportierten Sedimente wurden durch Gletschertore in das Gletschervorland geschüttet. Die Geröll- und Sandfracht wurde in breiten, weit verästelten, verwilderten Flussläufen als Sander vor der Gletscherfront abgelagert. Im Vorland des Gletschers sammelten sich die Schmelzwässer in einem großen Strom und flossen gemeinsam mit den von Süden zufließenden Flüssen durch sogenannte Urstromtäler in eisfreie Gebiete ab. Die Oberfläche der Sander wird oft als schwach zum Vorland geneigte fächerförmige Ebene charakterisiert. In tiefer gelegenen Becken sammelten sich Schmelzwässer in Eisstauseen, in welchen suspendierte Feinbestandteile in horizontaler Schichtung als Beckensand, -schluff oder -ton abgelagert wurden.

suspendiert: im Wasser schwebend

Eine Kameslandschaft besteht zumeist aus sandigen Beckensedimenten einer Eiszerfallslandschaft. In Becken wurden zwischen abschmelzenden Eiskörpern Schmelzwassersedimente abgelagert, die nach dem endgültigen Abschmelzen des umliegenden Eises glockenförmige Kames bilden.

Kames

Quartärgeologie und Landschaftsgenese des Exkursionsgebietes

Der prä-weichselzeitliche Untergrund

Die in nur wenigen hunderttausend Jahren gebildeten quartären Lockergesteine sind im Gebiet der mittleren Mecklenburgischen Seenplatte durchschnittlich 100 m mächtig. Die Gletscherablagerungen überlagern mehrere 100 m mächtige Schichtenfolgen aus tertiären Sedimentgesteinen. Die ersten sicher nachgewiesenen glazialen Bildungen wurden im Elster-Glazial zwischen 400 000 und 320 000 Jahren v. h. (vgl. LITT et al. 2007) abgelagert, wobei der Eisrand weit im Süden in Sachsen und Thüringen bis an die sogenannte Feuersteinlinie reichte.

Die südliche Verbreitungsgrenze von Feuersteinen am Mittelgebirgsrand wurde erstmals 1774 von C. F. von Arenswald erwähnt

Die Ablagerungen aus dem Elster-Glazial wurden durch jüngere Eisvorstöße erodiert und sind deshalb heute zumeist nur noch relativ geringmächtig ausgebildet. Im elsterzeitlichen Eiskörper sammelten sich große Mengen Schmelzwasser, die in geschlossenen Abflusssystemen unter dem Eiskörper generell in Richtung S bis SW zur Eisfront strömten. In dieser Phase wurden unter hohen Druck- bzw. Abflussverhältnissen Tiefrinnen im Untergrund ausgespült. Eine derartige Tiefrinne ist im Untergrund bei Möllenhagen bis zu 200 m tief. Die Möllenhagener Rinne ist im Gegensatz zur Tollenserinne heute an der Oberfläche nicht erkennbar. Über detaillierte Kernbohrungen wurden in der Rinne Schlammstromsedimente nachgewiesen, die während der Abschmelzprozesse im ausgehenden Elster-Glazial von den Rinnenflanken in tiefere Bereiche abrutschten (MÜLLER 2000).

Im quartären Untergrund der Region dominieren zumeist bis zu 100 m mächtige, grau- bis grünlichgraue Geschiebemergel aus dem Saale-Glazial, die vor 150 000 – 135 000 Jahren abgelagert wurden. Der ältere Saale-Vorstoß wird auf Grund seiner NW-Ausdehnung nach der niederländischen Provinz als Drenthe-Vorstoß bezeichnet (S1). Der jüngere Vorstoß des Saale-Glazials (Warthe, S2) stieß im mitteldeutschen Raum bis in den Bereich zwischen Magdeburg und Riesa vor. Die Geschiebezu-

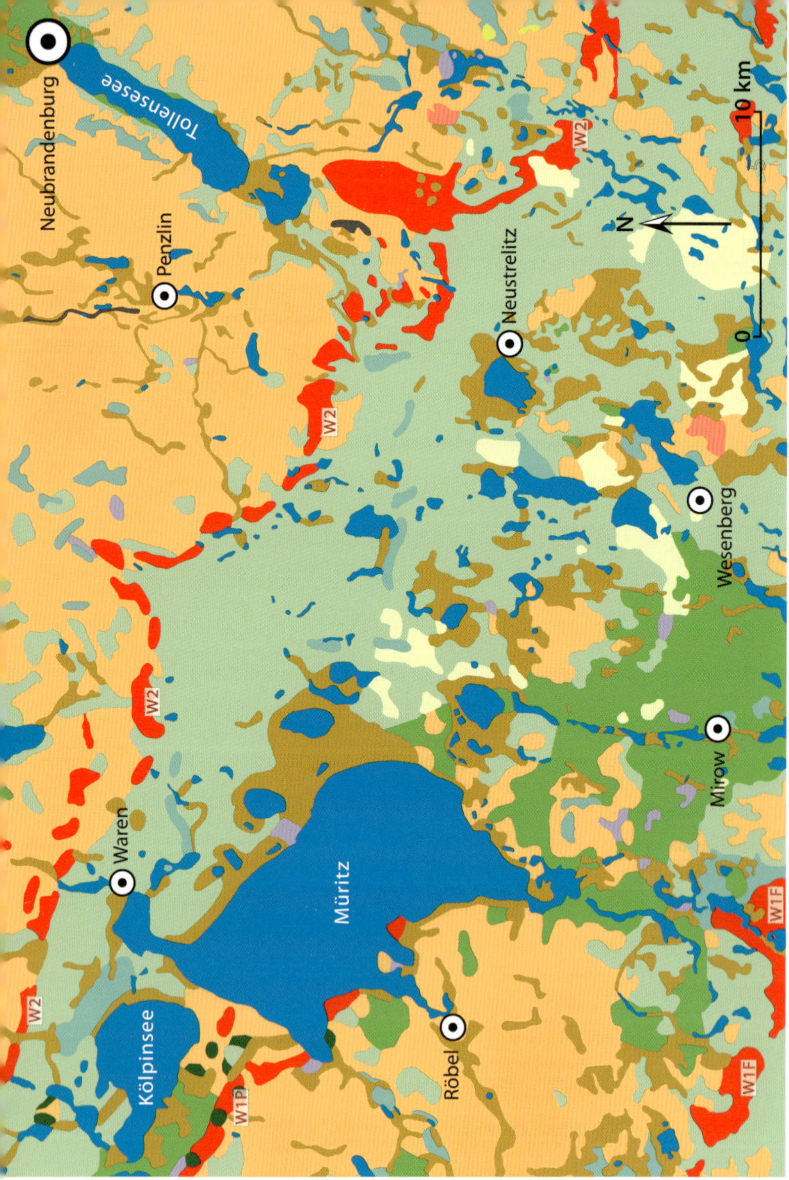

Lokalbezeichnung von Eisrandlagen (Endmoränen)

W2 = Pommersche Eisrandlage
W1P = Poppentiner Eisrandlage
W1F = Frankfurter Eisrandlage

Vereinfachte geologische Übersichtskarte von Mecklenburg-Strelitz.

sammensetzung des S2-Geschiebemergels ist durch baltische Gletscherströme aus nordöstlicher Richtung geprägt (vgl. RÜHBERG 1998). Diese älteren Glazialablagerungen sind im Exkursionsgebiet nur an älteren Durchragungen und an Hängen des Tollensetals nahe an der heutigen Oberfläche zu finden.

Eem-Warmzeit und Weichsel-Frühglazial

Bei Neubrandenburg-Weitin wurden unter den Ablagerungen des Weichsel-Glazials fossile Moorablagerungen aus der Eem-Warmzeit (128 000 – 115 000 Jahre v. h.) erbohrt und pollenanalytisch untersucht (RÜHBERG 1998). Das wohl bekannteste Eem-Vorkommen in Mecklenburg-Vorpommern ist nicht weit entfernt im Kiessandtagebau Hinterste Mühle bei Neubrandenburg aufgeschlossen. Nach der Eem-Warmzeit kam es vor 115 000 Jahren mit dem Beginn des Weichsel-Frühglazials zu einer Klimaabkühlung. Bis vor ca. 28 000 Jahren lösten sich in Norddeutschland kühle Stadiale mit wärmeren Interstadialphasen ab. Durch Untersuchungen an Eiskernen Grönlands wurden diese Klimaschwankungen mit einer Periodizität von ca. 1 500 Jahren belegt, die als Dansgaard-Oeschger-Events bezeichnet werden (RAHMSTORF 2003). In Skandinavien kam es in den kalten Perioden wiederholt zu Vergletscherungen, von denen sich mindestens eine als Inlandeisvergletscherung entwickelte. Dieses frühweichselzeitliche Inlandeis reichte über die nördlichen Bereiche von Polen und Norddeutschland bis in das östliche Dänemark und wird in Mecklenburg als Warnow-Vorstoß bezeichnet (MÜLLER 2004b).

Warnow-Vorstoß: der Name basiert auf dem ersten regionalen Nachweis im Warnowtal bei Rostock

Das Weichsel Hochglazial

Das Gebiet zwischen Neubrandenburg, Neustrelitz, Mirow und Waren wurde erst im Hochglazial der Weichseleiszeit vollständig vom skandinavischen Inlandeis überfahren und gehört somit zum Jungmoränengebiet. Die Mecklenburgische Seen-

Kartenlegende

- See (rezent)
- Moor-, See- und Flussablagerungen
- äolische Ablagerung (Düne)
- glazifluviale Beckenablagerung
- glazilimnische Beckenablagerung
- Schmelzwasserbildung (undiff.)
- Os
- Spaltenfüllung
- Grundmoräne
- Endmoräne
- Stauchkomplex

glazitektonisch umgelagerte Gesteinsschollen

- Tertiär
- Kreide

platte mit der Müritz im Zentrum verdankt ihr Entstehen insbesondere der kurzen Aufeinanderfolge zweier Gletschervorstöße. Die derzeit gültigen zeitlichen Einstufungen für die Brandenburg-, Frankfurt- und Pommern-Phase basieren auf wenigen ^{14}C-Datierungen aus dem Liegenden der weichselglazialen Ablagerungen (vgl. LITT et al. 2007). Die Maximalausdehnung der Brandenburg-Phase (W1B) ist um 21 000 Jahre v. h. datiert. Die Bildungen dieser Eisvorstoßphase sind zwischen Waren und Neustrelitz nur über Bohrungen im Untergrund nachgewiesen. Die darauffolgende Frankfurt-Phase (W1F) wird um 19 000 Jahre v. h. datiert. Der Vorstoß der Frankfurt-Phase reichte im Südwesten bis nach Zarrentin, südlich des Schaalsees im westlichen Mecklenburg. Seine Endmoränen sind besonders südöstlich des südlichen Schweriner Sees zwischen Crivitz, Lübz und Wredenhagen deutlich sichtbar.

HURTIG (1954/1955) und SCHMIDT (1962) deuteten markante Höhenzüge zwischen Userin (Useriner Horst), Blankenförde (Buchenberg), Granzin (Schaumberg) und Rechlin (Sprotsche Berg) als Satzendmoränen. Diese als Zwischenstaffeln bezeichneten Endmoränen wurden über einen staffelartigen Eisrückzug der Frankfurt-Phase erklärt. Eine lithofazielle Einstufung dieser Höhenzüge als echte Endmoränen ist durch die diskontinuierliche Verbreitung und stark wechselnde Streichrichtungen als nicht gesichert zu betrachten. Diese Hügelketten treten zumeist in direkter Nachbarschaft zu subglazial angelegten Schmelzwasserrinnen auf. Wenn auch sichere Beweise aufgrund fehlender Aufschlussverhältnisse und sedimentologischer Untersuchungen noch fehlen, hängen diese Hügel vermutlich mit glazifluvialen Akkumulationsprozessen (Oser?) der benachbarten Schmelzwasserrinnen zusammen.

Lithofazies: entstehungsspezifische Gesteinseigenschaften

Schmelzwässer zeichneten das heutige Lanschaftsbild vor

Während der Eisbedeckung wurde der subglaziale Untergrund der Region durch eine Vielzahl großer Schmelzwasserrinnen zerschnitten, die vom inneren Eiskörper in Richtung S bis SW zur Eisrandlage der Frankfurt-Phase verliefen. Diese subglazialen Schmelzwasserrinnen werden heute über eine Aneinanderreihung von länglichen Rinnenseen und vermoorten Niederungen nachgezeichnet. Ein regionales Beispiel im Exkursionsgebiet ist die Seenkette zwischen Pieverstorf, Kratzeburg und Wesenberg.

Siehe Kap. „Havelquellgebiet und Pommersche Endmoräne“ auf Seite 30

Westlich und südlich der Müritz ist die Grundmoräne der Frankfurt-Phase auf höher gelegenen Hochflächen zwischen

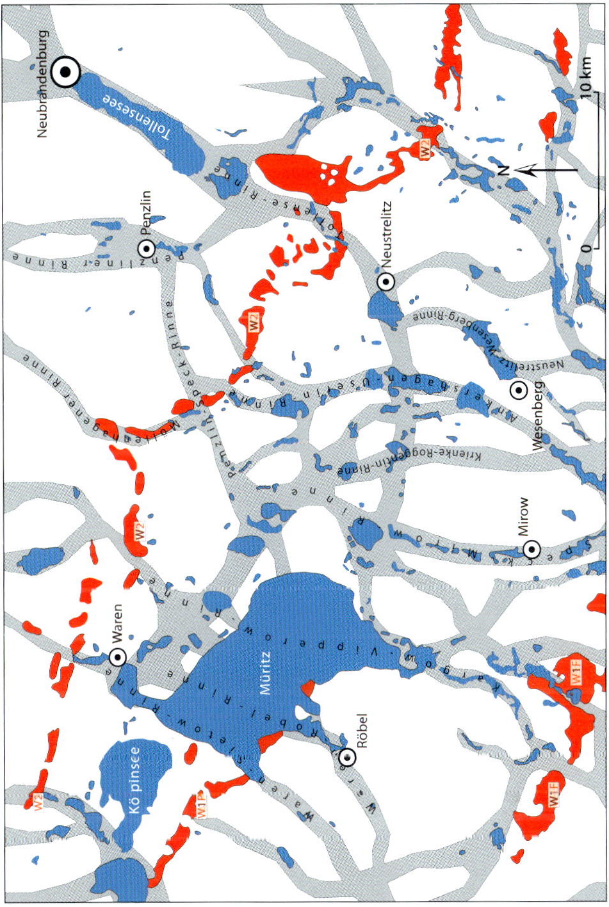

Das System der einstigen Schmelzwasserrinnen wird heute durch die Seenketten, Moor- und Flussniederungen nachgezeichnet (vgl. geologische Karte auf S. 18).

Rechlin, Vipperow, Röbel und Klink verbreitet. Östlich der Müritz tritt diese Grundmoräne nur noch mosaikartig auf Hochflächeninseln zwischen Seebecken und Moorniederungen auf. In lokalen Becken wurden feinkörnige Beckensande in Vergesellschaftung mit fein gebänderten, tonigen Schluffen abgelagert. Diese Bändertone wurden wie Geschiebelehme in Lehmgruben abgebaut und in zahlreichen Ziegeleien zu Backsteinen gebrannt.

Ehemalige Ziegelei am Müritzhof *s. Seite 76*

Solche fein geschichteten Bändertone wie hier bei Mamerow im Landkreis Rostock wurden abgebaut und bis 1990 in Mecklenburg zu Backsteinen verarbeitet.

Ein Großteil der Seebecken der Mecklenburgischen Seenplatte wurde primär durch Abspaltung und Konservierung von Toteisplatten während des Gletscherabschmelzens der Frankfurt-Phase vor ca. 18 000 Jahren gebildet. Dieses Toteis taute erst spät mit dem schwindenden Permafrost im Spätglazial ab. Nördlich der Linie Malchow – Neustrelitz dominieren Ablagerungen der Pommern-Phase (W2) die Oberfläche. Während der stabilen Pommern-Phase lag in dieser Region der quasi-stationäre Eisrand auf einer Linie von Brustorf – Pieverstorf – Möllenhagen – Kargow bis Waren nördlich der Müritz. Die Pommern-Phase wird auf ein Alter um 17 600 Jahre v. h. datiert (LITT et al. 2007). Da über einen längeren Zeitraum ein quasi-stationäres Gleichgewicht zwischen Gletschernachschub und Eisschmelze bestand, hat dieser Gletschervorstoß große Massen von Gletscherschutt in der Pommerschen Endmoräne akkumuliert. Neue Untersuchungen zur Expositionsdatierung (Surface Exposure Dating) von 14 Findlingen aus dem Bereich der Pommerschen Eisrandlage und der zugehörigen Grundmoräne lassen für die Ablagerung der Pommerschen Grundmoräne ein Alter um 17 000 Jahre v. h. als realistisch erscheinen.

Zur Methode der Expositionsdatierung s. Seite 100 im Kap. „Die Entschlüsselung des Eiszeitalters durch Datierungen“

Der Eiskörper taute während kurzen Stillstandsphasen ab, schmolz gering zurück und schob sich dann wieder zur Eisrandlage vor. Nahm der Schmelzvorgang zu, flossen viele kleinere Schmelzwasserströme von der Oberfläche des Gletschers herab und spülten aus der Endmoräne an der Eisrandlage lokal die feineren Bestandteile aus. Dadurch entstanden in der Eisrandlage lokale Blockanreicherungen, wie z. B. die Blockpackungen zwischen Kargow, Adamsdorf und Pieverstorf. Mit dem Rückschmelzen des Gletschers ist ein Geschiebemergel in der Pommerschen Grundmoräne verknüpft. Im Penzliner Land ist die Grundmoränenlandschaft im Rückland der Endmoräne stark hügelig ausgeprägt.

Blockpackung Pieverstorf s. Seite 39

Grundmoränenlandschaft bei Penzlin s. Seite 64

Während der Pommerschen Eisbedeckung existierte bei Penzlin ein N – S-orientierter Schmelzwasserkanal, der über mehrere Becken und Rinnenseen bis zur Pommerschen Eis-

Kuppige Grundmoränenlandschaft im Penzliner Land.

randlage südlich von Klein Vielen nachvollziehbar ist. Mit dem fortschreitenden Eiszerfall des Gletschers brach dieser Schmelzwasserkanal zusammen und das Schmelzwasser war nicht mehr in der Lage, die mitgeführten Steine und Kiessande weiter zur Gletscherfront zu transportieren. Sie blieben an Ort und Stelle im Penzliner Os liegen.

Klein Vielener See *s. Seite 37*

Penzliner Os *s. Seite 66*

Zwischen Waren und Neustrelitz ergossen sich die inglazialen Schmelzwasserbahnen bei Kargow, Möllenhagen, Pieverstorf und Brustorf aus mehreren Gletschertoren in das Vorland. Von den Gletschertoren ausgehend wurden mächtige Kies- und Sandablagerungen in weiten Sanderebenen südlich der Eisrandlage abgelagert. Auf den nährstoffärmeren Substraten der Sander und lokal überlagernden Dünensande haben sich in den letzten 15 000 Jahren karge Braunerde- und Podsol-Bodengesellschaften entwickelt.

Landschafts- und Kulturentwicklung seit dem Spätglazial

Mit dem endgültigen Eisabschmelzen vor ca. 14 600 Jahren setzte die nacheiszeitliche Landschaftsentwicklung des Spätglazials ein. Der Übergang von der Weichselkaltzeit zur heutigen Warmzeit erfolgte in einem Wechsel zwischen wärmeren Abschnitten und Kältephasen. Das Holozän hat den klimastratigraphischen Rang einer Warmzeit und begann vor ca. 11 600

stratigraphisch: die Schichtenfolge betreffend

	Feingliederung	Beginn in 1 000 Jahren vor heute
Holozän	Subatlantikum	2,5
	Subboreal	3,7
	Atlantikum	7,3
	Boreal	8,7
	Präboreal	11,6
Weichsel-Spätglazial	Jüngere Dryas	12,7
	Allerød-Interstadial	13,3
	Ältere Dryas	13,5
	Bølling-Interstadial	13,7
	Älteste Dryas	13,8
	Meiendorf-Interstadial	14,6

Gliederung des Weichsel-Spätglazials und Holozäns.

Jahren mit dem Präboreal. Gegliedert wird es nach der Klimaentwicklung und der damit verbundenen Vegetationsgeschichte.

Das letzte Eis an der Oberfläche taute zu Beginn des Weichsel-Spätglazials zurück und eine spärliche Vegetation breitete sich langsam flächenhaft aus. In den kälteren Stadialphasen war unter Permafrosteinfluss ein Großteil der Erdoberfläche nicht von Vegetation bedeckt und damit ungeschützt. Bei stärkeren Windereignissen wurden Sande und feinkörnigere Bodenbestandteile aus den weit verbreiteten Sandgebieten ausgeblasen und in großen Dünenkörpern oder in großflächigen Flugsanddecken abgelagert.

Zur nacheiszeitlichen Klima- und Vegetationsentwicklung s. Kap. „Die Pollenanalyse – eine relative Altersdatierung" auf Seite 93

Mit dem Niedertauen begann sich ein Flusssystem auszubilden. Bereiche mit hohem Grundwasserstand unterlagen einer initialen Vermoorung, und auch der Wind konnte in der kärglich bewachsenen Landschaft intensive Massenverlagerungen bewirken. Nördlich der Pommerschen Endmoräne setzte eine Umkehrung der Entwässerung zum Ostseebecken ein. Die mächtige Pommersche Endmoräne bewirkt, dass östlich des Nebel-Durchbruchtals bei Krakow am See keine bedeutende Entwässerung aus der Mecklenburgischen Seenplatte nach N erfolgt. Dadurch ist die Pommersche Eisrandlage im Exkursionsgebiet ein hydrologisch bedeutender Teilabschnitt der Hauptwasserscheide zwischen den Einzugsgebieten von Ostsee und Nordsee. Während das nördlich liegende Einzugsgebiet des Malliner Baches über die Tollense in die Ostsee entwässert, fließt südlich der Eisrandlage die obere Havel über die Elbe zur Nordsee.

Flusssysteme und Einzugsgebiete etablieren sich

Dünenbildungen

Nach dem Eisrückzug lagen bis zur Ausbildung einer geschlossenen Vegetationsdecke im Präboreal große Sandflächen der Sander und Talsandgebiete ungeschützt an der Oberfläche. Der Wind entfaltete seine stärkste Wirkung auf diesen vegetationsfreien Sandflächen, blies an exponierten Stellen feinkörnige Sande aus und akkumulierte sie an anderer Position zumeist in äolischen Flugsanddecken oder Dünenkör-

äolisch: durch Wind umgelagert

Seenentwicklung

In den vegetationslosen Kaltphasen des Spätglazials wurden Bodenteilchen in die Seebecken gespült, sodass sich anfangs nur mineralische Ablagerungen (Silikatmudde) absetzten. Mit der Klimaerwärmung und der Vegetationsentwicklung nahm die Lösungskraft des Bodenwassers zu, da gelöste organische Substanzen und Pflanzenwurzeln die chemische Verwitterung des Bodens verstärken. Die am leichtesten löslichen Bodenbestandteile, insbesondere Kalziumkarbonat, wurden mit dem Sickerwasser des Bodens abgeführt. Den Seebecken und Flussniederungen wurde über Quellen verstärkt kalkreiches Wasser zugeführt. Chemisch ausgefälltes Kalziumkarbonat, Molluskenschalen sowie pflanzliche und tierische Rückstände bildeten im Laufe der Jahrtausende wachsende Schichten von Kalkschlamm (Kalkmudden).
Ein See verlandet zunehmend, wenn die Wassertiefe infolge der Sedimentation etwa 2 m unterschritten hat. In den flacheren Bereichen siedelt zuerst Schilf (*Phragmites*). Wenn das Schilfröhricht eine geschlossene Vegetationsdecke gebildet hat, können sich auch Sauergräser (*Carex*) und vereinzelt Weiden und Erlen ansiedeln. Auf dem ehemaligen Seegrund bildet sich ein Verlandungsmoor, in dem die abgestorbenen Moorpflanzen unter Luftabschluss zu braunschwarzem Torf umgewandelt werden. Das Moor bewächst zunehmend mit Bäumen wie Weiden und Erlen und entwickelt sich zu einem Bruchwaldmoor.

pern. Durch die Wirkungen des Windes kommt es zu Erosions-, Transport- und Ablagerungsprozessen, die zur Bildung von Deflationswannen, Flugsanddecken und Dünen führen. Flugsande bewegen sich nur über kurze Strecken fliegend fort, sie werden durch die Windkraft zumeist springend bewegt („Saltation" vom lat. „Salto" = Sprung). Das schlechte Wasserspeichervermögen verbunden mit Nährstoffarmut bedingt ein angepasstes Artenspektrum von Fauna und Flora. Eine typische Bodenform auf Dünensanden ist der Podsol.

Erosion: Gesteinsabtragung

Deflation: Ausblasung

Die Formen der hiesigen Binnendünen sind sehr unregelmäßig und nur selten als ideal geformte Parabel- oder Längsdünen ausgebildet. Die morphologische Ausformung ist abhängig von Windstärke und Windrichtung. Parabeldünen haben einen hohen Zentralbereich und seitliche, entsprechend der vorherrschenden Windrichtung ausgerichtete, flach auslaufende Schweife. Dünen waren bei starken Windereignissen in der Lage, sich in der vorherrschenden Windrichtung zu verlagern. Mit der geschlossenen Vegetationsbedeckung seit dem Holozän kam die Verlagerung vieler Binnendünen zum Erliegen.

Im Gegensatz zu den Stranddünen werden Binnendünen im Landesinnern gebildet

Weitere große äolische Umlagerungen traten auf, wenn entsprechende Sandflächen, zumeist durch Rodungen oder natürliche Waldbrände, vegetationsfrei wurden. Zeiten verstärkter Aktivitäten des Menschen mit Eingriffen in das Vegetationsge-

Der Mensch greift in die Entwicklung ein

Bodenbildung

Auf silikatreichem Substrat wie den nährstoffarmen Sanden ist die Verbraunung und die damit zusammenhängende Entwicklung zur Braunerde am meisten verbreitet. Als Verbraunung wird die Eisenfreisetzung aus Silikaten und deren Oxidation durch Luftkontakt zu braungefärbten Eisenoxiden und -hydroxiden im Zuge der Verwitterung und Bodenbildung bezeichnet. Der Prozess der Verbraunung ist an gemäßigtes Klima gebunden und vollzieht sich vor allem unter Laub- und Mischwäldern bei ausgeglichenem Bodenwasserhaushalt, beim dem das Wasser durch die Bodenhorizonte sickert und dort nicht durch Staueffekte verweilt. Ausgangsgesteine sind meist Lockergesteine mergeliger Zusammensetzung mit mäßigem Tongehalt.
Die Entwicklung von Parabraunerden ging in Mitteleuropa meist von o. g. Braunerden oder primär kalkhaltigen Pararendzinen aus, bei denen Karbonatauswaschung und schwache Versauerung eine Tonverlagerung (Lessivierung) initiierte. Durch diese Tonumlagerung bildet sich ein Tonverarmungshorizont im Oberboden (Fahlhorizont) und ein Tonanreicherungshorizont (brauner Tonhäutchen-Horizont) im Unterboden aus. Bei Bänderparabraunerden, einer besonderen Form der Lessivés auf sandigen Ausgangsgesteinen, sind die Eisenanreicherungshorizonte in Ton-Eisen-Bändern aufgelöst. Auf sandigen Bodenausgangssubstraten, wie z. B. Flugsanden, haben sich nährstoffarme Böden (Podsole und Braunerde-Podsole) entwickelt. Podsole sind durch einen Auswaschungshorizont und einen unterlagernden Anreicherungshorizont gekennzeichnet, in dem Humusstoffe und im Oberboden gelöste Eisen- und Aluminiumbestandteile angereichert werden. Das kann zu einer Verhärtung des Unterbodens führen (Ortsteinbildung). Podsole weisen einen sehr niedrigen pH-Wert auf.

schehen zeigen sich auch in vermehrten äolischen Umlagerungen. So sind im Neolithikum, der Bronze- und der Eisenzeit sowie im Hochmittelalter verstärkt Flugsand- und Dünenbildungen zu verzeichnen. Große Dünengebiete gibt es u. a. in den großflächigen Sandergebieten zwischen der Müritz und Neustrelitz, z. B. zwischen Babke und Zartwitz.

Bodenbildung

Das unsortierte Material der Geschiebemergel und -lehme der Grundmoränengebiete hat einen Feinkornanteil von 20–50 % Ton und Schluff. Durch die seit dem Spätglazial ablaufende Bodenentwicklung haben sich auf den Grundmoränen zumeist Bodenformgesellschaften aus Lessivés und Pseudogleyen ausgebildet. Innerhalb dieser Einheiten treten auch Pararendzinen und Kolluvisole auf, die Sedimentumlagerungen im Kuppen-Senken-Relief oder anthropogen bedingte Bodenerosionsprozesse kennzeichnen. Wenn die Ackerfläche auf kuppigem Gelände liegt, verlagert sich die fruchtbare Ackerkrume durch das tiefe Pflügen und Abspülungsprozesse vor allem in vegetationsfreien Perioden langsam in die Senken. Der an der Oberfläche abfließende Starkregen schwemmt die obere Bodenkrume ab und durch den

Nährstoffabtrag veröden die Kuppen zusehends. Nach Starkniederschlägen zeigen tiefe Erosionsrinnen der sogenannten Gully-Erosion größere Flurschäden an.

Mit dem Anstieg der Temperaturen und fortschreitender Bodenbildung breitete sich im Holozän auch verstärkt Waldvegetation aus. Mit der nacheiszeitlichen Vegetationsentwicklung kehrten auch Tiere in die eisfrei gewordenen Gebiete zurück und in ihrem Gefolge nomadisierende Menschengruppen, die sich von Jagd, Fischfang und dem Sammeln von Pflanzen und Früchten ernährten. Der Zeitpunkt für diese etappenweise Wiederbesiedlung liegt etwa um 12 000 – 11 000 v. Chr., also am Ende der Altsteinzeit. Die Menschen folgten in dieser Zeit noch ihren Nahrungsquellen. Je nach Saison wurden temporäre Siedlungsplätze an unterschiedlichen Orten angelegt, meist jedoch in der Nähe geschützter Buchten oder an Wasserläufen.

Pseudogleyböden mit Bleichungsflecken sind auf stauwasserdominierten Geschiebelehmen häufig zu finden.

Ackerbau und Viehzucht kennzeichnen den Übergang zur Jüngeren Steinzeit (Neolithikum). Die neuen Wirtschaftsmethoden erfordern seit ca. 4 000 v. Chr. den Bau dauerhafter Behausungen. Während die meisten Werkzeuge noch aus Feuerstein hergestellt wurden, hatten unsere Vorfahren gelernt, Gefäße aus Ton zu formen und diese durch Brennen haltbar zu machen. Mit Bronzegegenständen kündigte sich ca. 1 800 v. Chr. mit der Bronzezeit die nächste wichtige Kulturepoche an. Die einheimischen Stämme produzierten selbständig aus importierten Metallen Bronzegegenstände wie Sicheln, Messer und Schmuck. Hügelgräber, über Grabstellen errichtete Hügel aus Erde, Sand, Grassoden oder Steinen, sind Zeugen der bronzezeitlichen Begräbnisrituale. Die Hügelgräber können Skelettbestattungen oder Leichenbrand-Beisetzungen in Tonurnen enthalten.

Raseneisenerz: Eisen wird in saurem Bodenmilieu gelöst und fällt zumeist in feuchten Niederungen konzentriert wieder aus

Mit der Eisenzeit begann ca. 600 v. Chr. auch die eigenständige Verhüttung des einheimischen Raseneisenerzes. Die hier ansässigen Germanen lebten in dorfartigen Siedlungen und

Die Grabhügel bei Mollenstorf gehören zu den imposantesten kulturhistorischen Denkmälern der Region südwestlich von Neubrandenburg.

nutzten in der Landwirtschaft erstmals Wendepflüge. Im 4. Jh. n. Chr. begann eine großflächige Entsiedelung Norddeutschlands, da die einheimische Bevölkerung abwanderte. Bis auf wenige Siedlungen fiel das Land brach, sodass sich Wald und Heide verstärkt ausbreiteten.

In das unbesetzte Land wanderten seit 600 n. Chr. slawische Stammesverbände von Osten her ein. Als Zentren wurden große Burganlagen errichtet, die von einem Wall aus Holz und Erde umgeben waren. Seit dem 11. Jh. gerieten die slawischen Stämme durch die fortschreitende Ostexpansion des deutschen Herrschaftsbereiches zunehmend unter Druck. Im 12. Jh. wurden die slawischen Fürsten zu Lehnsherren ihres Landes und die ersten Städte entstanden. Zahlreiche deutsche Einwanderer kamen ins Land und siedelten sich in Dörfern an. Die Angehörigen des niederen Adels errichteten kleine Burganlagen, deren Reste heute noch als Turmhügel zu finden sind. Der Anteil der Slawen lag noch bei zwei Dritteln der Gesamtbevölkerung. Dadurch sind viele der slawischen Ortsnamen erhalten geblieben.

Slawendorf Passentin s. Seiten 65 und 106

Die Bewirtschaftung der eiszeitlichen Geschiebelehmböden ist durch die lokale Steinbestreuung immer wieder problematisch. Die meisten der teilweise tonnenschweren Findlinge wurden in den letzten Jahrhunderten von den Äckern abgesammelt. Vereinzelt „wachsen“ sie aber auch heute noch aus dem Acker bzw. werden beim Pflügen an die Oberfläche gebracht.

Im Slawendorf Passentin wurde eine slawische Siedlung mit Holzhäusern in der Bauweise des 6. – 13. Jh. rekonstruiert.

Da Festgesteinsaufschlüsse in Mecklenburg-Vorpommern fehlen, wurden stattdessen unzählige der massenhaft vorkommenden Feldsteine im mittelalterlichen Wehranlagenbau für Stadtmauern oder Wehrtürme genutzt. Die massenhafte Nutzung von Feldsteinen begann hier im 12. – 14. Jh., denn in den Städten und Dörfern wurden große Mengen Baumaterial benötigt. Die im Mittelalter aus Feldsteinen gebauten Feldsteinkirchen finden sich noch in vielen Dörfern der Region.

In den letzten Jahrhunderten nahm der Mensch durch Waldrodungen, Entwässerungen, intensive Bautätigkeit sowie Rohstoffnutzung zunehmenden Einfluss auf die Landschaft. Durch künstliche Grabensysteme wurden die Wasserspiegel vieler Seen sowohl angestaut wie auch tiefer gelegt. Dabei sind Uferbereiche trocken gefallen, die bis zu 2 m über dem heutigen Seespiegelniveau liegen können. Charakteristisch sind die deutlich erkennbaren Geländestufen ehemaliger Uferterrassen, die durch die Wellenschlagerosion als Steilufer ausgeprägt sind. Die Entwässerungsgräben fördern die Degradierung von Mooren. Auf waldfreien Sandflächen, wie z. B. in der Strelitzer Heide, entwickelte sich in der Vergangenheit eine typische Wacholder-Kiefernheide, die lange Zeit durch die extensive Beweidung mit Schafen durch Heidekrautvegetation (*Ericaceae*) gekennzeichnet war.

Strelitzer Heide s. Seite 43

Exkursionen zwischen Havelquellgebiet und Mecklenburgischer Seenplatte

Havelquellgebiet und Pommersche Endmoräne

NP-Infostelle Kratzeburg

Die Tour führt von Kratzeburg über die Pommersche Endmoräne und die Havelquellseen bis nach Ankershagen. Kratzeburg befindet sich am östlichen Eingangsbereich des Müritz-Nationalparks, zu dem man sich in der dortigen Informationsstelle (**63**) informieren kann. Geologisch gesehen liegt Kratzeburg im Pommerschen Sander, dessen karge Landschaft zwischen Neustrelitz und Speck auch als Strelitzer Heide bezeichnet wird. Bei Kratzeburg befindet sich der Sander im Übergangsbereich zur nördlich angrenzenden Endmoräne und einer N – S-verlaufenden Seenkette. Zwischen Granziner See und der Ortschaft Dalmsdorf liegt der Sander auf einer 1,5 km breiten Ebene, die aus bis zu 20 m mächtigen grobkörnigen Kiessanden besteht. Die glazifluviale Schüttung des Sanders erfolgte von der Endmoräne in Richtung S bis SW. Das lokale Schüttungszentrum des Sanders (Sanderwurzel) lag zwischen Pieverstorf und Kratzeburg bei 90 – 110 m ü. NN. Die Bodengesellschaften auf Sandersanden sind vorwiegend Braunerde-dominiert und werden deshalb überwiegend forstwirtschaftlich genutzt.

eutroph: Gewässer mit hohem Phosphatgehalt und hoher Biomasseproduktion

Käbelicksee

Zwischen Kratzeburg und Dalmsdorf liegt der langgezogene Käbelicksee. Der 2,6 km^2 große, schwach eutrophe Käbelicksee lässt sich in einen tieferen Nord- und flacheren Südteil gliedern. Bei einer maximalen Tiefe von 12 m beträgt das Wasservolumen 8,9 Mio. m^3. Der Hauptzufluss erfolgt im Norden aus dem Dambecker See, der Abfluss über die Havel im Südwesten zum Granziner See. Der Käbelicksee wird allseits von Pommerschen Sanderablagerungen umrahmt. Wieso wurde das Becken des heutigen Käbelicksees nicht wie die umliegenden Bereiche auch mit glazifluvialen Sandersedimenten verfüllt? Das Fehlen von Sanderablagerungen im Becken des Käbelicksees ist nur durch eine Toteisausfüllung des heutigen Seebeckens während der Pommerschen Sanderschüttung zu erklären. Das abgespaltene Toteis lag schon vor dem Pommerschen Vorstoß in einem Rinnenbecken. Erst mit dem Tieftau-

Die farbigen Nummern im Text entsprechen denen auf der Übersichtskarte im vorderen Umschlag; Informationen zu den entsprechend gekennzeichneten Lokalitäten finden Sie auch im Kap. „Nützliches und Informatives".

en des begrabenen Toteises bildete sich im Spätglazial vor ca. 13 000 Jahren das heutige Seebecken im Beckenzentrum.

Dambecker See

Die Tour folgt am östlichen Ortsausgang von Kratzeburg dem Radfernweg Berlin–Kopenhagen, der am Ostufers des Dambecker Sees nach N in Richtung Pieverstorf verläuft. Der Name des Gewässers leitet sich von der am Westufer liegenden Ortschaft Dambeck ab und ist eine Wortkombination vom slawischen „Dęb“ (gespr.: Domb) für Eiche und dem norddeutschen „Bek“ für Bach. Der längliche Dambecker See liegt unmittelbar südlich der Pommerschen Endmoräne und ist in mehrere Buchten gegliedert. Die aneinandergereihten Seebecken wurden während der Frankfurt-Phase subglazial angelegt. Alle Seen um Kratzeburg sind Teilbereiche dieser Rinne, die von den Havelquellseen bei Ankershagen und Freidorf bis zur Frankfurter Eisrandlage bei Fleeth südlich von Mirow zu verfolgen ist.

Germanische Höhenburg

Die historische Besiedlung dieses Gebietes durch germanische Stämme bezeugt eine Höhenburg (1) nordöstlich des Weges Kratzeburg–Pieverstorf. Der oberhalb an einem Rastplatz liegende Siedlungsplatz wurde um 1 000 v. Chr. intensiv genutzt und ist mit ca. 30 000 m² einer der größten seiner Art in Norddeutschland. Vermutlich handelt es sich bei dieser gewaltigen Verteidigungsanlage auch um die slawische Burg Zcarnitz, die als relevantes Machtzentrum für die benachbarte Ortschaft Kratzeburg namensgebend war.

Hügel bei Pieverstorf

Nördlich des Rastplatzes ändert sich der Charakter der Landschaft, denn ab hier wird es deutlich hügeliger. Nach dem Aufstieg auf die Hügel bei Pieverstorf befinden wir uns in der Pommerschen Endmoräne, die den weichselglazialen Eisrand vor ca. 17 000 Jahren markiert. Die Endmoräne verläuft von Liepen nach NW über Pieverstorf und den Warensberg bei Friedrichsfelde in Richtung Freidorf und geht dann in die große Endmoränengabel von Rethwisch/Möllenhagen über. Größere Lücken im Verlauf der Endmoräne sind auf radial, d. h. zur ehemaligen Gletscherfront ausgerichtete Schmelzwasserabflussbahnen zurückzuführen. Auf der Höhe von Pieverstorf wird auf der Dorfstraße ein Teilstück der Alten Salzstraße mit regional typischem Straßenpflaster aus nordischen Geschieben gekreuzt. Die bedeutende Handelsstraße verlief im Mittelalter von Malchin über Strelitz (heute Alt-Strelitz) bis zur Oder. Hinter den Resten einer ehemaligen Gutsanlage befindet sich ein kleiner Landschaftspark mit Blick auf das Nordende des Dambe-

Blick vom Rastplatz der ehemaligen Schäferei Nonnenhof auf die Hügelkette der Pommerschen Endmoräne.

Ehem. Schäferei Nonnenhof

cker Sees. Die Tour führt weiter nach N in Richtung Ankershagen über eine in Norddeutschland sehr selten gewordene Ulmenallee (*Ulmus laevis*). Am Wegesrand liegt an einer Wegkreuzung ein schöner Rastplatz an der Ruine einer Feldsteinscheune der ehemaligen Schäferei Nonnenhof (**2**). Dieser Punkt ist auch mit dem Auto gut erreichbar, da am Hauptweg von Ankershagen ein Parkplatz liegt. Die vom Rastplatz gut sichtbaren Hügelkuppen gehören zur Endmoräne, die durch wechselnde Geschiebemergel- und Sandflächen charakterisiert ist.

Im Bereich der Schäferei Nonnenhof ist durch eine vermoorte Niederung eine Lücke in der Endmoräne ausgebildet. An dieser Stelle mündete zur Zeit der Pommerschen Eisvorstoßphase eine NE–SW-verlaufende Schmelzwasserabflussbahn, die heute als vermoorte Niederung des Mühlenbaches in der Grundmoränenlandschaft südlich der Straße zwischen Ankershagen und Zahren verläuft. Zur Herausbildung einer deutlich ausgebildeten Sanderwurzel oder eines Kegelsanders ist es in diesem Bereich nicht gekommen, da die Schmelzwässer über die vorgeprägte Rinne ungehindert bis in den Raum Granzin–Dalmsdorf nach S abfließen konnten (PETER 1967). Am Mühlensee geht die Mühlenbachniederung in die Schmelzwasserrinne vor der Hauptendmoräne über, die entlang der Havelquellseen und Moorniederungen bis zum Dambecker See zu verfolgen ist.

Bruch: vermoortes Feuchtgebiet

Vom Rastplatz an der alten Schäferei gelangt man nach ca. 500 m in westlicher Richtung (Ulrichshof) zum Diekenbruch.

Martin Röper / Monika Rothgaenger
Ewald Langenscheidt
Andreas Börner
Rainer Müller · Hans-Joachim Franzke
Oberharz
Tiefe Gruben und hohe Rücken
Streifzüge durch die Erdgeschichte

Das Havelquellgebiet ist ein wichtiger Grenzbereich der Hauptwasserscheide zwischen den Einzugsgebieten der Ostsee und der Nordsee. Von hier aus entwässert die obere Havel über die Elbe zur Nordsee. Ein ausgebauter Quellaustritt im Diekenbruch (3) unterhalb des Mühlensees stellt offiziell den Anfang der Havel dar. Der Name der Havel soll noch aus der vorslawischen, germanischen Besiedlungsphase stammen und gehört somit zu den ältesten Territorialbezeichnungen in Mecklenburg-Vorpommern und Brandenburg. Abgeleitet vom germanischen „Habula“ bezeichnet der Wortstamm „Haf“ eine Bucht oder Ausbuchtung.

Havelquelle im Diekenbruch

Das auf den höher gelegenen Flächen der Umgebung versickernde Wasser tritt in den tiefer gelegenen Seebecken der Havelquellseen aus und fließt über die Havel zum Dambecker See ab. Die Havel ist ein durch Durchflussseen geprägtes Fließgewässer mit geringer Strömung. Durch die morphologischen Verhältnisse liegt das Talbodengefälle im Bereich der Havelquellseen nur bei ~1 ‰. Als Sohlsubstrate treten sandige, teils kiesige Substrate vermengt mit umgelagerten Totholz- oder Torfresten auf. Die Havelquellseen gehören mit dem östlich benachbarten Mühlensee genetisch zu einem älteren, subglazial angelegten Rinnensystem, das über eine Seenkette bis zur Brandenburg/Frankfurter Eisrandlage südlich von Wesenberg zu verfolgen ist.

1 ‰ Gefälle = 1 m auf 1 km

Von den Havelquellseen ausgehend folgt man am besten dem Wanderweg in Richtung N nach Friedrichsfelde. Hier fin-

An der Havelquelle im Diekenbruch bei Ankershagen.

Findlingsgarten im Gutspark Friedrichsfelde.

Mühlensee

det man am Ostufer des Mühlensees einen schönen Badestrand, der zum Verweilen einlädt. Nach 500 m quert man einen Graben, der seit dem Mittelalter das Wasser des 41 ha großen Mühlensees über den Mühlenbach über eine Strecke von 10 km nach E zum Großen Stadtsee bei Penzlin künstlich umleitet. Durch diese Abflussableitung wurde das Einzugsgebiet der Havel künstlich verkleinert. Im Bereich nordöstlich des Mühlensees passiert man einen ausschließlich sandig geprägten Abschnitt der Endmoräne (PETER 1967), aus welcher sich der Warensberg (102 m ü. NN) morphologisch heraushebt.

Großer Stadtsee *s. Seite 63*

Man folgt am besten dem markierten Wanderweg durch den Wald in Richtung N und biegt am Warensberg in Richtung Friedrichsfelde ab. Friedrichsfelde entstand 1794 durch Teilung des Gutes Ankershagen. Es handelt sich um ein Straßendorf mit seitlich angelagertem Gutsschloss mit einer Informationsstelle des Müritz-Nationalparks (**62**) und einem sehenswerten Landschaftspark. Für den geologisch interessierten Besucher ist besonders der Findlingsgarten im Gutspark Friedrichsfelde (**4**) zu empfehlen, der mit thematisch angeordneten Gesteinen die Petrographie und „Die Spur der Steine nach Norddeutschland" dokumentiert.

Friedrichsfelde mit NP-Infostelle, Landschaftspark und Findlingsgarten

Wir lassen nun die Hügel der Pommerschen Endmoräne hinter uns, denn unsere Tour führt nun auf einer Landstraße durch eine kuppige Grundmoränenlandschaft nach E in Richtung Ankershagen. Den Namen erhielt der Ort nach dem Adeligen „Ecgehardus von Ankershagen“, der als einer der ersten Ritter das Dorf als Lehen erhielt. An der Kirche befindet sich die Kreuzung der Alten Salzstraße mit einem weiteren historischen Handelsweg, der sogenannten Slawenstraße. Die im alten Pfarrhof befindliche Heinrich-Schliemann-Gedenkstätte (69) bietet neben Informationen zum Thema Troja weitere wechselnde Sonderausstellungen. Der Nachbau des Trojanischen Pferdes ist ein weithin sichtbares Zeichen für den Ort der Kindheit des Troja-Entdeckers. Der schöne Pfarrhof ist nicht nur für Freunde der Altertumswissenschaften und Archäologie interessant. Ein Besuch der 1266 geweihten Feldsteinkirche ist zu empfehlen. Die gut erhaltene Bausubstanz zeigt sehr beeindruckend die Nutzung skandinavischer Findlinge in der Übergangszeit zwischen der Spätromanik und der Frühgotik.

Ankershagen mit Heinrich-Schliemann-Gedenkstätte

Die Tour folgt nun auf 2 km der Eiszeitroute nach E und biegt bei Zahren in Richtung NE nach Mollenstorf-Ausbau ab. Auf der Strecke durchquert man eine von Söllen gegliederte Landschaft, die hier den typischen Charakter einer kuppigen Grundmoräne im direkten Hinterland einer Endmoräne zeigt. Zwischen Ankershagen und Zahren fällt ca. 1 km südlich der Straße und der angrenzenden Niederung des Mühlenbachs ein Waldkomplex in der ansonsten hier doch stark vom Ackerbau geprägten Landschaft auf. Wieso haben die Bauern dieses Gebiet nicht für den Ackerbau genutzt? Die Antwort auf diese Frage basiert offensichtlich auf der fehlenden Fruchtbarkeit der anstehenden Bodensubstrate. Das etwa 1 km^2 große Gebiet wird als Bergtannen bezeichnet. Hier liegen zwei größere Sandhügel in der ansonsten von Geschiebemergel geprägten Grundmoräne. Während die im Mittelteil der Sandfläche gelegene Erhebung flach gewölbt ist, setzt sich der am Talrand zum Mühlenbach gelegene Kaninchenberg mit steilen Flanken deutlich von der Umgebung ab. Die Namensgebung zeigt, dass es hier ein Sandvorkommen geben muss, denn Meister Lampe bevorzugt für seine Grabbauten ein sandiges Substrat. Am Hang dieser Kuppen befanden sich bis in die 1960er Jahre Sandgruben, in denen fast ausschließlich Mittel- bis Feinsande mit schwach ausgebildeter Schrägschichtung kartiert wurden (PETER 1967).

Grundmoränen, Sölle und Sandhügel um Zahren

In die Grundmoräne eingebettet liegt südlich von Ankershagen ein flaches Tal, dessen radialer Verlauf nahe der Schäferei Nonnenhof an der Pommerschen Endmoräne endet. Schon

radial: zur Endmoräne hin orientiert

Flachwellige Grundmoräne mit flachen Söllen bei Zahren.

Kameshügel bei Zahren

lithologisch: die Gesteinseigenschaften betreffend

GEINITZ (1922) erkannte, dass die Sandkuppen der Bergtannen in genetischem Zusammenhang mit dem glazifluvialen Radialtal zwischen Zahren und Ankershagen stehen. Die morphologischen und lithologischen Befunde sind für eine Kameslandschaft typisch. Die Kameshügel der Bergtannen bei Zahren wurden während der Pommerschen Eiszerfallsphase zwischen abschmelzenden Toteiskörpern gebildet. Weiterhin prägen zahlreiche flache Sölle das Oberflächenbild der Grundmoräne um Zahren.

Bronzezeitliche Grabhügel bei Mollenstorf

Am Mühlenbach bei Zahren biegt ein Feldweg nach NE in Richtung Mollenstorf-Ausbau ab, der auch nach Penzlin führt. Nach 2 km quert man die Straße Mollenstorf – Groß Vielen und sieht östlich gut drei Grabhügel (**5**) der älteren Bronzezeit (18. – 10. Jh. v. Chr.) aus der flachwelligen Grundmoränenhochfläche herausragen. Am Weg befindet sich auf der Höhe des südlich gelegenen Hügelgrabs eine Informationstafel. Die nördlich des Weges gelegenen Erhebungen Fuchsberg und Pfennigberg sind mit phantasievollen Geschichten von gebrochenen Radachsen, einer goldenen Wiege und zwergenhaften Hügelbewohnern belegt. Deshalb wurde die Gegend bei anbrechender Nacht von den Bewohnern der angrenzenden Dörfer gemieden. Trotz der meist negativ belegten Spukgeschichten empfand ich bei meiner sommerlichen Erkundungstour bei Temperaturen um 35 °C die Lokalsage vom nie versiegenden Bierkrug als äußerst verlockend.

Blick vom Kapellenberg nach S auf die Hügel der Pommerschen Endmoräne.

In Mollenstorf ist der nördlichste Punkt der Tour erreicht. Nun führt der Weg in Richtung S nach Groß Vielen. Die großen Gutsanlagen im Dorf zeugen von der hohen Fruchtbarkeit der bindigen Lehmböden. Wir folgen der Straße nach S in Richtung Klein Vielen und passieren dabei das Naturschutzgebiet (NSG) Klein Vielener See. Der Klein Vielener See ist mit seiner langgezogenen Form ebenfalls ein typischer Rinnensee. Die Rinne läuft in Richtung SW zur Pommerschen Endmoräne und gehört mit der nordöstlich angrenzenden vermoorten Wedenseeniederung und dem Großen Stadtsee zu einem Rinnensystem, das nördlich vom Penzliner Os begleitet wird.

Penzliner Os s. Seite 66

Aussicht vom Kapellenberg

In Klein Vielen folgt man dem ausgeschilderten Feldweg am Sportplatz vorbei zum Kapellenberg (früher Klingenberg) (6). Von dort führt eine schöne Baumallee zur Grabkapelle der Familie Jahn, die 1850 aus roten Ziegelsteinen im neogotischen Stil erbaut wurde. Das trotz seiner wunderschönen Lage kaum beachtete und stark renovierungsbedürftige Baudenkmal liegt im Dornröschenschlaf und wartet derzeitig noch auf eine erlösende Sanierung. Der Rundweg um die Kapelle bietet in nördlicher Richtung einen der schönsten Landschaftsblicke in dieser Region. Genießen Sie den malerischen Blick auf den Barenberg (105 m ü. NN), der mit einem solitär stehenden Baum eine weithin sichtbare Landmarke in der kuppigen Grundmoränenlandschaft im Hinterland der Pommerschen Endmoräne darstellt.

Aussicht vom Strelitzer Berg

Nach dem Besuch des Kapellenbergs führt die Straße nach S in Richtung Adamsdorf über Berg und Tal. Der nächste Punkt für eine Rast folgt schon nach 2 km am Strelitzer Berg, von welchem man in alle Himmelsrichtungen einen hervorragenden Ausblick hat. Der Strelitzer Berg ist mit 116,6 m ü. NN eine der höchsten Erhebungen. Die exponierte Lage erlaubt einen schönen Landschaftsblick in das nördliche Hinterland der bewaldeten Endmoräne, die in Richtung NW bis zur Möllenhagener Endmoränengabel sichtbar ist. Die Pommersche Haupteisrandlage ist das gliedernde Element dieser Landschaft und setzt sich aus sandigen Satzendmoränen, reliefreichen Stauchwällen und Blockpackungen zusammen. Die Bodengesellschaften dieser kuppigen Endmoränenlandschaft zeigen substratabhängige Wechsel zwischen lehmigen Standorten mit staunassen Pseudogleyen und lessivierten Parabraunerden und sandigen Standorten mit Braunerden und Bänderparabraunerden.

Bronzezeitliche Hügelgräber

Folgt man dem Weg weiter in südlicher Richtung, kommt man zu zwei imposanten bronzezeitlichen Hügelgräbern (7), dem Kleinen Geldberg und dem Großen Geldberg. Bei einer kurzen Umwanderung des Großen Geldbergs kann man in Richtung SE wieder einen malerischen Blick auf den Barenberg genießen.

Die Tour führt von den Hügelgräbern nach Klein Vielen zurück, wo man nun aber nach W in Richtung Hartwigsdorf abbiegt. In der umliegenden Grundmoräne sind wasser- oder moorerfüllte Sölle markant. Hinter Hartwigsdorf kann man unmittelbar am Fuß des Schäferberges (94 m ü. NN) die Badestelle am Kreutzsee für eine Rast oder ein kühles Bad nutzen. Im Rückland der Endmoräne ca. 1 km nördlich des Weges liegen die bewaldeten Heidberge, zwei etwa 10 m aufragende Hügel aus Kiessandsubstraten. Die glazifluvialen Bildungen wurden wie in den nördlich angrenzenden Heidseetannen in der Pommerschen Eiszerfallsphase zwischen Toteis abgelagert und sind deshalb genetisch als Kameshügel zu deuten.

Pieverstorfer Berge

Folgt man dem Weg nach W, erreicht man ca. 300 m vor Pieverstorf eine Wegkreuzung mit der Alten Salzstraße. Hier folgt unsere Tour dem mit einem roten Eichhörnchen gekennzeichneten Rundweg in Richtung Liepen. In den Buchenwäldern der Pieverstorfer Berge durchquert man die Pommersche Endmoräne mit Höhen bis zu 112 m ü. NN. Die Endmoräne besteht im nördlichen Bereich aus Geschiebemergel oder Sand über Geschiebemergel, während der südliche Bereich aus sandigen Substraten einer Satzendmoräne gebildet wird (PETER 1967).

Ansammlung von großen Findlingen der Blockpackung Pieverstorf.

Pieverstorfer Blockpackung mit Spuren der Steinbearbeitung

Nach ca. 500 m ist an einer Wegbiegung eine Ansammlung von größeren Findlingen auffällig. Die Pieverstorfer Blockpackung (8) ist durch viele oberflächig liegende, teilweise über 2 m^3 große Blöcke gekennzeichnet. Am Wegesrand sind verwachsene Restlöcher alter Gruben von Steinschlägern zu erkennen, die von einem lange vergangenen Abbau der Findlinge als Rohstofflieferant für den Haus- bzw. Wegebau zeugen. Aus dieser Blockpackung wurden drei Großgeschiebe für eine Altersdatierung beprobt (RINTERKNECHT et al. 2013). Aufgrund dieser Datierungen wird die Eisrandlage unter Einbeziehung von Korrekturen für Erosion und diverse Abschirmeffekte auf ca. 17 000 Jahre v. h. geschätzt.

Jetzt folgt der Weg der Alten Salzstraße nach SE bis Liepen. Von hier hat man einen schönen Ausblick über den Lieper See, der eine Rinne in der Endmoräne darstellt. Die Ortsbezeichnung ist in Mecklenburg-Vorpommern sehr häufig und wird auf das slawische Wort Lipa (= Linde) zurückgeführt. Am südlichen Ortsausgang von Liepen folgt man dem „roten Eichhörnchen“ nach W in Richtung Kratzeburg. Die Endmoräne ist hier vorwiegend aus Geschiebemergel mit teilweise sandiger Deckschicht aufgebaut. Zwischen dem Lieper See und dem Krummen See verläuft ein markanter Höhenrücken in Richtung NNW–SSE. Morphologisch ist der über 2 km lange Höhenzug bis südlich des Lieper Sees zu verfolgen. Er stellt eine eisrandnahe Schmelzwasserschüttung zwischen ehemals Toteis-plombierten Rinnenbecken dar. Auch lithologisch hebt sich der längliche Kiesrücken durch seine Bestreuung mit bis zu 30 cm großen Blöcken auffällig von der Umgebung ab. Um den Ausgangspunkt der Tour in Kratzeburg zu erreichen, folgt man der Hauptstraße in Richtung W. Die Straße nach Kratzeburg verläuft hier im Übergangsgebiet zwischen Endmoräne im Norden und dem Sander im Süden.

Geologie rund um Neustrelitz und die Strelitzer Heide

Diese Tour führt auf der südlichen Route auf einer asphaltierten Nebenstraße über Prälank westlich von Neustrelitz um den Zierker See. Die ursprüngliche slawische Siedlung Strelitz, das heutige Alt-Strelitz, liegt südlich des heutigen Stadtzentrums an der Kreuzung der historischen Handelsstraßen Wesenberg – Feldberg und Fürstenberg – Neubrandenburg. Das Brandenburger Stadtrecht wurde 1349 an die ältere Ortsgründung Strelitz verliehen. Der Name wird vom slawischen Strělci (= Schützen) als „Ort der Bogenschützen" abgeleitet.

Glambecker See

Etwa 1 km östlich des Zierker Sees ist im Stadtgebiet von Neustrelitz der Glambecker See (**9**) gelegen. Mit ca. 13 ha Seefläche ist der leicht eutrophe Glambecker See zwar deutlich kleiner als der Zierker See, jedoch mit 28,6 m Wassertiefe erheblich tiefer. Der Glambecker See liegt im südlichen Bereich einer subglazial angelegten Rinne, die sich von der Weisdiner Seenkette (Langer See, Mittelsee und Mürtzsee) bis in das Stadtgebiet von Neustrelitz fortsetzt. Da die Weisdiner Rinne deutlich südlich der Pommerschen Endmoräne liegt, wurde sie primär durch subglaziale Schmelzwassererosion in der Frankfurt-Phase (W1F) angelegt. Sie war mit abgespaltenem Toteis plombiert, bevor die Pommerschen Sander (W2) das Gebiet weitflächig überschütteten. Der Seespiegel des Glambecker Sees liegt bei 64 m ü. NN und damit mehr als 5 m über dem des benachbarten Zierker Sees (58,8 m ü. NN). Dieser Befund zeigt, wie der umliegende undurchlässige Geschiebemergel der Frankfurt-Phase die hydrogeologischen Wasserregimes beider Seen trennt.

Neustrelitz

Die jüngere geplante Stadtanlage von Neustrelitz befindet sich an einer höher gelegenen Fläche zwischen Glambecker und Zierker See. Im diesem Stadtviertel befand sich die wüst gefallene slawische Siedlung Glienecke, deren Name eine interessante Verknüpfung mit dem geologischen Untergrund darstellt. Der Name Glienecke basiert auf dem altslawischen Glin (Lehm), was wiederum auf den hier an der Oberfläche anstehenden Geschiebelehm zurückzuführen ist. Das dort befindliche ehemalige Jagdschloss Glienke wurde vom herzöglichen Bauherrn C. J. Löwe zwischen 1726 und 1731 zu einem repräsentativen Residenzschloss der Herzöge von Mecklenburg-Strelitz umgebaut. Der achtstrahlige Charakter der barocken Stadtanlage zeigt sich besonders am quadratisch angelegten zentralen Marktplatz. Alle wichtigen Straßen verlaufen radial zum zentralen Kreisverkehr an der neogotischen Stadtkirche. Ein Spaziergang durch das Stadtzentrum lohnt sich, denn neben barocken Stadthäusern mit repräsentativen Portalbereichen gibt es auch Villen im Jugendstil zu entdecken.

Zierker See

Vom Zentrum aus folgt unsere Tour der Eiszeitroute in Richtung SW entlang des Ostufers des Zierker Sees. Auf dem Weg zum See durchquert man den Schlossgarten, einen schönen englischen Landschaftspark mit diversen Pavillons zwischen Orangerie und Schlosskirche. Der maximal 3,5 m tiefe Zierker See befindet sich in einer flach gewellten Grundmoräne. Er verdankt seine Entstehung Abspaltungen von relativ flachen Toteisplatten. Erst mit dem Rückgang des Dauerfrostbodens im Spätglazial taute das begrabene Toteis im Untergrund aus und ein ehemals deutlich größerer See entstand.

Geländestufe der ehemaligen Seeuferterrasse an der Neustrelitzer Schlosskoppel.

Freiluftmuseum Slawendorf

Der Eiszeitroute folgend, erreicht man nach ungefähr 1 km die Rekonstruktion einer slawischen Siedlung. Das Freiluftmuseum Slawendorf (**73**) bietet nicht nur für Kinder viele interessante Informationen zum Leben der Slawen in dieser Region. Vom Slawendorf folgt man nun dem Radweg nach S in Richtung Schlosskoppel und Vorderster Kalkofen. Hinter der Parkanlage der Schlosskoppel erkennt man nach ca. 500 m östlich des Weges eine deutliche Geländestufe. Bei dieser Stufe handelt es sich um ein fossiles Uferkliff (**10**), welches die historisch höheren Wasserstände des ehemals weiter ausgedehnten Zierker Sees vor den Wasserspiegelabsenkungen zeigt. Das vermoorte Gelände zwischen fossilem Kliff und heutigem Seeufer ist genetisch gesehen ehemaliger Seegrund und wird deshalb auch als Seeterrasse bezeichnet.

Fossiles Uferkliff an der Neustrelitzer Schlosskoppel

Schon um 1790 wurde der Gorbach zwischen dem Zierker See und Woblitzsee südlich von Wesenberg zum Torf-Flößer-Kanal ausgebaut. Der Kanalbau hatte eine Absenkung des Wasserspiegels des Zierker Sees um 1,4 m zur Folge. Der Zierker See verlor dadurch ca. 40 % seiner einstigen Fläche und besonders am Westufer versumpften große Flächen.

Woblitzsee
s. Seite 45

Vorderster Kalkofen

Der weitere Weg führt westlich des fossilen Kliffs in westlicher Richtung zum Ortsteil Vorderster Kalkofen. Der Name zeugt vom historischen Kalkabbau zur Gewinnung von Branntkalk aus dem trocken gelegten Seegrund des Zierker Sees. Hier wurde bis in das 19. Jh. aus den Seekreiden (Kalkmudde, Seekreide, Wiesenkalk) Kalk gewonnen, der vor dem Aufblühen der Kunstdüngerproduktion Ende des 19. Jh. auch zum Aufkalken (Mergeln) der umliegenden Felder genutzt wurde. Die abgebauten Seekreiden sind kalkreiche Seesedimente, die sich aus fossilen Kalkskeletten oder -schalen und chemisch ausgefälltem Kalziumkarbonat zusammensetzen. Der Kalkgehalt solcher Seeablagerungen kann über 90 % betragen. Die ehemaligen Abbaugruben sind heute zumeist wassergefüllte Kalklöcher, die besondere Biotope für Flora und Fauna darstellen.

Hinter dem Ort passiert man den Kammerkanal, der 1843 durch die bauliche Erweiterung des Torf-Flößer-Kanals entstand. Die Absenkung des Zierker Sees betrug nach dem Bau des Kammerkanals weitere 20 cm. Durch die künstliche Verbindung mit dem Woblitzsee wurde der Zierker See auch mit dem Elde-Havel-Kanal verbunden. Seit der finalen Begradigung des Kanals im Jahre 1917 liegt die durchschnittliche Tiefe des Zierker Sees bei 1,6 m.

Ähnliche limnische Kalkmudden wie hier im Seebecken bei Dobbin finden sich auch im Becken des Zierker Sees bei Prälank.

Findlingsgarten Prälank und Naturlehrpfad

Westlich der Brücke über den Kammerkanal verlassen wir die Eiszeitroute in Richtung N nach Prälank. Unweit der Straße liegt südlich des Dorfes in einer Lichtung auf dem Büteberg der Findlingsgarten Prälank (**11**), der Bestandteil eines 1987 angelegten Naturlehrpfades im Landschaftsschutzgebiet Neustrelitzer Kleinseenplatte ist. Etwa 80 Findlinge wurden hier als Umriss einer symbolisierten Waldohreule aufgestellt. Viele Tafeln informieren über die Petrographie und Heimatgebiete der Geschiebe. Einige Findlinge zeigen auf flachgeschliffenen Flächen deutliche Gletscherschrammen, die als typische Spuren des glazialen Transports gelten. Weiterhin gibt es am Lehrpfad Informationstafeln zur Flora und Fauna der näheren Umgebung. Der Büteberg bekam seinen Namen vom Raubritter Bute, welcher der Sage nach hier sein Unwesen getrieben haben soll. Der Regionalforscher Walter Karbe hat 1927 am Hang zum Wittpohl eine Findlingsmauer mit spätmittelalterlichen Kulturresten ausgegraben (TSCHEPEGO & SCHÜßLER 2009).

Strelitzer Heide

Hinter Prälank folgt die Tour dem Havelquellsee-Radrundweg nach NW durch das Waldgebiet Torwitzer Tannen in Richtung Kratzeburg. Langhagen ist eine Bezeichnung für Gutsansiedlungen, die früher als Lanckavel bezeichnet wurden. Der geologische Untergrund wird hier durch glazifluvial abgelagerte Sande und Kiessande der Pommerschen Sanderschüttungen bestimmt. Langhagen gehört somit zu den Strelitzer Heidedörfern. In einer Höhenlage zwischen 85 und 90 m ü. NN erstreckt sich die Sanderfläche über 5 km weit. Nach S und SW nehmen

Korngröße und Mächtigkeit der Sandersande kontinuierlich ab. Am Großen Labussee beträgt die Mächtigkeit der Sandablagerungen nur noch 10–15 m, während die heutige Oberfläche des Sanders auf 65 m ü. NN abfällt. Die ebene Sanderhochfläche wird durch mehrere langgezogene Rinnen zerschnitten. Mancherorts werden die glazifluvialen Sandersedimente noch von Dünen und Flugsanddecken überlagert. Die kargen, oftmals sehr trockenen Sandböden werden zumeist forstwirtschaftlich genutzt, da ohne zusätzliche Düngung und Bewässerung keine ertragreiche landwirtschaftliche Nutzung möglich ist.

Käbelicksee und Hohe Rhön

Die Tour erreicht nach ca. 2 km das Ostufer des 2,4 km^2 großen Käbelicksees. Am Zeltplatz bei Kratzeburg liegt eine schöne Badestelle. Die östlich des Weges liegenden Hügel der Hohen Rhön (**12**) bestehen aus Kiessanden des Pommerschen Sanders. Von dort hat man einen schönen Blick auf den südwestlich des Weges liegenden Käbelicksee, der Teil einer subglazial angelegten Schmelzwasserrinne ist. Diese Rinne ist nach S über eine langgezogene Seenkette über den Langhäger See und Großen Labussee bei Wesenberg bis zur Frankfurter Eisrandlage am Vilzsee südlich von Mirow zu verfolgen.

Käbelicksee und Kratzeburg s. auch Seite 30

Von Kratzeburg führt ein ca. 12 km langer Rückweg in Richtung W auf der Landstraße nach Adamsdorf. Im Norden liegen die Hügel der Pommerschen Endmoräne, während die Straße auf der relativ ebenen Sanderebene verläuft, die durch weite Nadelbaumbestände gekennzeichnet ist. Bei Adamsdorf ändert sich die Landnutzung merklich, denn der Ort liegt auf einer etwas höher gelegenen Grundmoränenebene, die nicht vom Pommerschen Sander überlagert wurde. Am östlichen Ortsausgang lohnt sich ein kurzer Stopp am Adamstein (**13**), der ca. 50 m südlich vom östlichen Ortseingang zu finden ist. Der damalige Gutsbesitzer änderte 1815 den ehemaligen Ortsnamen Kostal zum Gedenken an seinen verstorbenen Sohn Adam. Der Findling ragt etwa einen halben Meter aus der Erde hervor. Seine kultische Nutzung wird durch mehrere künstliche Vertiefungen an der glatten Oberfläche belegt. Der Adamstein ist ein 4,1 x 2,4 x 2,4 m großes Granitgeschiebe mit einem Volumen von fast 13 m^3 (LUNG 2012).

Findling Adamstein in Adamsdorf

Am westlichen Ortsrand verlässt die Tour Adamsdorf und führt über einen ausgeschilderten Radweg nach S und dann parallel zur Bahnlinie nach E. Südlich der bewaldeten Fläche öffnet sich der Blick auf einen ehemaligen russischen Truppenübungsplatz, der bis zum Truppenabzug Anfang der 1990er Jahre für Jahr-

Der Adamstein in Adamsdorf.

zehnte gesperrt war. Durch die relativ junge Vegetation erkennt man unschwer eine relativ monotone Morphologie der nach S bis SW geschütteten glazifluvialen Sanderablagerungen, die hier lokal von Dünen oder flachen Flugsanddecken überlagert werden. Vor allem östlich der B 193 befinden sich südlich der Bahnlinie die Kiesgruben Steinwalde und Sophienhof, in denen seit mehreren Jahrzehnten Kies und Sand gewonnen wird. Von hier folgt man dem Radweg in südlicher Richtung in das Zentrum von Neustrelitz. Am alten Hafenspeicher kann man rasten und den Blick über den Zierker See genießen. Die großherzogliche Kammer ließ den Hafen 1843 bauen. In den 1870er Jahren wurde eine zweite Hafenausfahrt geschaffen, bei der die Insel Helgoland (**14**) entstand. Seit 1975 verloren Hafen und Kammerkanal ihre wirtschaftliche Bedeutung für die Güterschifffahrt.

Kiesgruben Steinwalde und Sophienhof

Von Wesenberg über den Rotemoorberg zum Woblitzsee

Diese Tour beginnt in Wesenberg und führt über den Woblitzsee-Radrundweg nach Zwenzow und zurück. Die Stadt Wesenberg wurde durch den Fürst Nikolaus von Werle-Güstrow im Jahr 1250 gegründet und mit Schweriner Stadtrecht versehen. Der geplante Stadtkern gruppiert sich gitterartig um den

Wesenberg

Im Burgfried der Wesenberger Burg wurden vor allem harte Feldsteine verarbeitet.

Marktplatz. Die gotische Kirche St. Marien liegt auf einer Anhöhe südwestlich vom Marktplatz. Eine über 600 Jahre alte Linde mit einem Stammumfang von 8 m ziert als Naturdenkmal den Eingang der Kirche. Östlich vom Markt liegt der künstlich erhöhte mittelalterliche Burgfried (**15**). Der geologische Untergrund besteht hier aus Geschiebemergel der Frankfurt-Phase (W1F). Die bindigen Ablagerungen der Grundmoräne wurden bei der geologischen Kartierung von KRIENKE (1967) bis zum Dorf Below am Südostufer des Woblitzsees nachgewiesen. Der Burgfried liegt an einer strategisch günstigen Stelle, da er an drei Seiten von vermoorten Niederungen umgeben ist und somit in diesen Richtungen gut vor Angriffen geschützt war.

Touristeninformation und Ausstellungen in der Burg Wesenberg

Die mittelalterliche Burg beherbergt neben Touristeninformation und Heimatstube (**71**) eine ur- und frühgeschichtliche Sammlung und weitere Ausstellungen. Vom Fangelturm hat man einen schönen Rundblick über Wesenberg und den Woblitzsee. Der Burghof und große Teile der Befestigungsanlagen sind aus Feldsteinen erbaut. Die petrographische Gesteinsvielfalt der verbauten skandinavischen Geschiebe ergeben das typische Farbenbild mittelalterlich erbauter Feldsteinbauten. Die Moorniederungen sind wie der Woblitzsee Teilbecken einer subglazial angelegten Schmelzwasserrinne, die südlich von Wesenberg bis zur Frankfurter Eisrandlage bei Rheinsberg verläuft. Der Name Woblitzsee wird vom slawischen Voblica (= Großes Wasser) abgeleitet.

Findlingsgarten Wesenberg

Die Tour führt zunächst ca. 1 km in Richtung SW zur Wustrower Straße. An der Erhebung des Kreigenbarg liegt westlich der Straße ein sehenswerter Findlingsgarten (**16**). Der erste Wesenberger Findlingsgarten wurde bereits 1985 durch die Neustrelitzer Naturschutzgruppe Walter Gotsmann angelegt, um die Findlinge im Raum Wesenberg vor Ort zu erhalten und zu schützen. Die Ausstellung wurde 1994 erweitert, viele Tafeln weisen die Gesteinsart und den primären Herkunftsort der Findlinge aus.

Mäander: Flussschleifen

Schwaan-Havel

Die Tour führt weiter zum Rotemoorberg, der mit 105 m ü. NN höchsten Erhebung um Wesenberg. Da die Havel hier nur an der B 198 überquert werden kann, folgt der Weg auf 3 km der B 198 in Richtung Neustrelitz. Südlich des Woblitzsees verläuft der Elde-Havel-Kanal separat von der alten Havel. Er quert die mäandrierende Havel, die jetzt oberhalb der Schleuse Wesenberg durch den Haveldüker fließt. Die alte Havel floss früher nach S durch den Plätlinsee bis zur Mündung in den Pälitzsee bei Strasen, verwaiste aber nach dem Kanalbau. Da der Kammerkanal unterhalb der Schleuse Wesenberg bereits um etwa 2,3 m gesenkt wurde, versiegte der ehemalige Havelabfluss des Reekgrabens bei Strasen und die Schwaan-Havel floss nun entgegen der ursprünglichen Abflussrichtung nach N und mündet heute in den Kammerkanal südlich der Schleuse. Gespeist wird die Schwaan-Havel heute nur noch aus dem Plätlinsee, dessen Wasserspiegel durch diese wasserbaulichen Maßnahmen um über 1 m abgesenkt wurde. Vor allem das holzverarbeitende Gewerbe profitierte vom Anschluss Wesenbergs an den Elde-Havel-Kanal im Jahre 1840.

Der Wesenberger Findlingsgarten ist einen Besuch wert.

Günstiger Ausgangspunkt für eine Bootstour durch die Wasserwelt ist die Kanu-Mühle an der Havel bei Wesenberg. Auf der flachen Schwaan-Havel können Auenwälder und märchenhafte Seerosengärten entdeckt werden. Nach etwa 3 km erreicht man den mit Schilf umsäumten Plätlinsee mit der Insel Hünenwerder. Der Plätinsee liegt ebenfalls in einer subglazialen Rinne. Mit dem Eiszerfall wurde die Sandinsel zwischen abgespaltenen Toteisblöcken aufgeschüttet und erst nach dem finalen Abtauen dieser Eisblöcke freigelegt.

Aussicht vom Rotemoorberg

Östlich von Wesenberg verlässt unsere Tour die B 198 und folgt dem Woblitzsee-Radrundweg in Richtung SE. Am Rotemoorberg (105 m ü. NN) (**17**) mit dem weithin sichtbaren Feuerwachturm ist eine Rast mit Blick über Wesenberg und den Woblitzsee zu empfehlen. Am Waldrand wurde eine Vielzahl von Findlingen von den umliegenden Ackerflächen angesammelt. Bei genauer Betrachtung fällt auf, dass einige Steine durch Windschliff polierte Oberflächen aufweisen, wie sie für Windkanter typisch sind. Die für das Jungmoränengebiet ungewöhnliche Ansammlung von Windkantern am Rotemoorberg fiel bei der geologischen Kartierung auf (KRIENKE 1967).

Windkanter

Die Anhäufung von Windkantern an der Geländeoberfläche ist vor allem ein Merkmal des Altmoränengebiets, welches selbst nicht durch die Eismassen der letzten Eiszeit überdeckt war. In den Altmoränenlandschaften herrschten während der letzten Eiszeit periglaziale Bedingungen, unter denen sich nur eine spärliche, hoch spezialisierte Tundrenvegetation ansiedeln und die starken Winde daher kräftig wirken konnten. Die an der Oberfläche liegenden Geschiebe waren an ihrer Oberseite der schleifenden Wirkung von sandführenden Winden ausgesetzt, sodass ihre Oberflächen wie beim technischen Sandstahlen abgeschliffen und poliert wurden. Geschiebe, die ihre Lage z. B. durch Frosthub oder Bodenfließen änderten, wurden an mehreren Seiten poliert. Zwischen den polierten Flächen liegen die namensgebenden „Windkanten“.

Ein Windkanter am Waldweg zum Feuerwachturm am Rotemoorberg.

Blick vom Rotemoorberg über die vermoorte Niederung südlich des Woblitzsees bei Wesenberg.

Wir befinden uns hier eindeutig im Jungmoränengebiet, wie ist also das gehäufte Vorkommen von Windkantern am Rotemoorberg zu erklären? Dieser Befund ist kein Einzelfall, da auch im Jungmoränengebiet Ostbrandenburgs in höher liegenden Gebieten dieses Phänomen auftritt. Vor der letzten Eisüberdeckung unterlagen derartig exponierte saaleglaziale Hochgebiete einer besonderen periglazialen Überprägung. Die Häufung von windgeschliffenen Geschieben lässt vermuten, dass der Rotemoorberg als exponierter Höhenkomplex bestand, auf dessen Oberfläche verstärkt periglaziale Umwelteinflüsse wirkten. Das weichselglaziale Inlandeis überdeckte zwar das Gebiet um den Rotemoorberg, lagerte aber auf der alten Höhenzone kaum Sedimente ab. Deshalb liegen hier ältere, stärker periglazial überprägte Schichten mit windgeschliffenen Geschieben an der Oberfläche.

NSG Rotes Moor

Nach diesem Exkurs in ältere Gesteinsformationen führt der weitere Weg wieder in die jüngere geologische regionale Entwicklung. Die Tour folgt dem Woblitzsee-Radrundweg nach E und erreicht nach 1,5 km das NSG Rotes Moor mit weiteren umliegenden Moorsenken. Der heute fast vollständig verlandete Rotemoorsee hat sich zu einem Verlandungsmoor mit Erlen- und Birken-Bruchwaldmoor entwickelt. Die Becken vom Rotemoorsee, Grundlosen See und Postbruch sowie der angrenzende Flache Trebbower See entstanden nach dem späten Toteisaustauen in einer subglazialen Schmelzwasserrinne. Im Gegensatz zum höher liegenden Rotemoorberg besteht der hier um 60 m ü. NN liegende geologische Untergrund aus nährstoffarmen Sanderablagerungen der Pommerschen Vorstoßphase. Im Spätglazial bis zum Präboreal konnten sich in den feuchten Beckenzentren zuerst flache Versumpfungsmoore entwickeln. Mit dem Grundwasseranstieg seit dem Boreal entwickelten sich Seeflächen, an deren Seegrund Kalkmudden abgelagert wurden.

Grundloser See

Der Grundlose See führt seinen Namen ohne Grund, denn er ist mit 7 m Wassertiefe nicht wirklich tief. Die Namensgebung basiert vermutlich nur auf der dunklen Färbung des Seewassers, die durch feine schwebende organische Partikel verursacht ist. Das verlandende Gewässer ist für seine seltenen Pflanzenarten auf einem Schwingmoorteppich bekannt, der bis 50 m Breite erreichen kann. Der See und das umliegende Moor werden fast ausschließlich von Niederschlagswasser gespeist, wodurch nährstoffarme Bedingungen herrschen (oligotroph). Das östlich angrenzende Postbruch, heute mit Erlen-Birken-Bruchwald bestanden, wurde im 19. Jh. durch Gräben melioriert und entwässert dadurch zur Havel.

Standorte einstiger Teerschwelereien

Vom Nordufer des Grundlosen Sees führt der Rundweg am verlandeten Grauen Büchensee entlang in Richtung N über Below-Teerofen (**18**) nach Voßwinkel am Ostufer des Woblitzsees. Der Weg quert den Floßgraben und die Schleuse Voßwinkel (**19**) am Kammerkanal und führt zur kleinen Ortschaft Groß Quassower Teerofen. Der Begriff Teerofen deutet auf die Lage einer Teerschwelerei. In der Umgebung gab es bei Groß Quassow, Voßwinkel und Zwenzow im 18.–20. Jh. mindestens vier weitere Teeröfen. Warum konzentrierten sich gerade in dieser Region Teeröfen? Die Antwort gibt uns der geologische Untergrund: wir befinden uns auf kargen Ablagerungen des Pommerschen Sanders. Die geringe Fruchtbarkeit der Sandböden ließ keine gewinnbringende ackerbauliche Nutzung zu. Deshalb wurde die Flur um Klein Trebbow in historischer Zeit auch als „Elend" bezeichnet (PFITZNER 1938).

Die Tour folgt ab Groß Quassow der Eiszeitroute nach N und biegt in der Ortschaft Lindenberg in Richtung W nach Userin ab. In der umliegenden Landschaft ist ein starker Wechsel von Kuppen und Senken auffällig, das Gelände nördlich wird von der langgezogenen Hügelkette des Useriner Horstes geprägt.

Useriner Horst mit dem Opferstein

Auf dem Useriner Horst (**20**) befindet sich der Opferstein, ein Granitfindling mit einem Volumen von 1,8 m^3. Der langgezogene Höhenzug (Bauernberg, 83 m ü. NN) besteht im Kern aus Kiessanden, die von Geschiebemergel bedeckt werden. Aufgrund seiner morphologischen Prägnanz wurde dieser Höhenzug als Endmoräne kartiert (PETER 1967).

Die genetische Deutung der meisten von HURTIG (1954/1955) als Zwischenstaffeln bezeichneten Höhen ist nicht unstrittig. Die Nähe und die gleichgerichtete Orientierung zum Useriner See lässt für den Useriner Horst eher eine genetische Verbindung

Teergewinnung aus Holz

Im 18. Jh. war die Teerofenpacht in großen Nadelforsten eine wichtige Nutzungsart, da man versuchte, sich von Teerimporten unabhängig zu machen. Es entstanden zahlreiche Schwelereien durch die Verpachtung von Teerofenbetrieben. Bis zum Beginn des 19. Jh. waren Teererzeugnisse, wie z. B. Schiffsteer, Wagenschmiere und auf Teerprodukten basierende Holzschutzmittel, wichtige Handelsware. Mit Teer mussten die hölzernen Achsen der Fuhrwerke noch bis etwa 1800 geschmiert werden. Reisende hatten für den Transport ein Schmiergeld zu entrichten. Darauf beruht das bekannte Sprichwort: „Wer gut schmiert, der gut fährt".

Der Teer wurde in relativ primitiven Holzkohlenmeilern gewonnen. Für den Betrieb von Teeröfen und Glashütten wurden vor allem Baumstubben und minderwertige Bäume genutzt. Das Holz musste gespalten und im trichterförmig aufgebauten Meiler aufgestapelt werden. Dann wurde der Holzstapel mit Erde bedeckt und der Teer durch langsames Abbrennen (Verschwelung oder Trockendestillation) langsam ausgeschmolzen. Das Feuer in der Brandkammer musste etwa 4 – 5 Tage brennen. Der Teerbrenner musste während dieser Prozedur ständig anwesend sein.

zur Schmelzwasserrinne vermuten. In diesem Sinne wäre der Useriner Horst ein Teilstück eines Schmelzwassersystems, das neben der Hauptabflussrinne im heutigen Useriner See – Großer Labussee verlief. Mit dem Eiszerfall kollabierte das subglaziale Abflusssystem und die vom Schmelzwasser mitgeführten Sedimente lagerten sich vor Ort ab und wurden lokal noch von freigesetztem Geschiebemergel überlagert. Diese genetische Deutung würde am ehesten einem subglazialen Os entsprechen. Diese Interpretation des Useriner Horstes als Os muss vorerst noch als hypothetisch gelten, da ohne detaillierte Felduntersuchungen keine endgültige Deutung möglich ist.

Der Useriner See ist 5,2 km lang und 950 m breit. Der See wird von der Havel durchflossen und gehört zu den oberen Havelseen. In Userin liegt die rohrgedeckte Vylym-Hütte (**74**), die eine regionalgeschichtliche und naturkundliche Ausstellung beherbergt. Der Name Vylym geht auf die Bezeichnung des Useriner Sees bei der ersten urkundlichen Erwähnung des Ortes im Jahre 1346 zurück. Die historische Besiedlung dieses Gebietes wurde durch archäologische Ausgrabungen an einer slawischen Siedlung auf der Insel im Süden des Useriner Sees belegt.

Ausstellungen in der Vylym-Hütte in Userin

Die Tour führt weiter nach S in Richtung Useriner Mühle. Am Südufer des Sees ist nahe der Useriner Wassermühle ein schöner Rastplatz angelegt. Hier war früher ein Floßliegeplatz, an dem Holz vor der Verarbeitung in der Sägemühle gelagert wurde. Aufgrund der morphologischen Verhältnisse liegt das Talbodengefälle der kanalisierten Havel hier überwiegend bei < 1 ‰.

Useriner Wassermühle

Als Sohlsubstrate treten sandige Substrate vermengt mit umgelagerten Torfresten und Totholz auf. Die Tour führt weiter in westlicher Richtung nach Zwenzow. Das Gebiet um den Großen Labussee wird seit der Steinzeit vor ca. 5 000 Jahren besiedelt, wie Steinaxtfunde aus der Umgebung von Zwenzow und Useriner Mühle belegen. Zwenzow geht auf das slawische Wort Sveca zurück, was sinngemäß „Sitz der heiligen Familie“ bedeutet. Der Große Labussee hat im Norden vom Useriner See einen Havelzufluss, wobei der Abfluss im Osten zum Woblitzsee erfolgt. Der 3,3 km^2 große See hat mit maximalen Wassertiefen um 11,9 m ein Wasservolumen von 13,7 Mio. m^3. Der Name des Labussees basiert auf dem slawischen Labut (= Schwan).

Großer Labussee

Von der Badestelle am nördlichen Seeufer folgt die Tour der Eiszeitroute in Richtung S nach Wesenberg. Der Weg entlang des Westufers des Sees führt durch die Zwenzower Tannen. Gelegentlich trifft man zwischen den Kiefern auf Wacholderbüsche, die eine früher verbreitete Waldweide anzeigen. Wie die monotone forstwirtschaftliche Nutzung zeigt, bewegen wir uns hier auf ertragarmen Bodengesellschaften des Pommerschen Sanders. Die monotone Sanderebene südwestlich von Zwenzow wird durch Sölle und Dünen morphologisch aufgelockert. Die im Wald verborgenen flachen Seebecken des Leussower Sees und des Gründlingsmoores sind heute fast vollständig verlandet.

Zwenzower Tannen

Auf dem Radweg nach S kreuzen wir die sanften Hügel eines Dünenfeldes (**21**), das sich von Westen kommend fast bis an das Seeufer erstreckt. Die Dünenverbreitung westlich des Großen Labussees und die W – E-Orientierung der Dünenkörper zeigen an, dass für diese Dünenbildung hier vor allem kräftige Westwinde verantwortlich waren. Die Dünenkomplexe erstrecken sich von der Ostseite der Müritz bis westlich von Wesenberg. Im Dünengebiet bei Zwenzow konnten KÜSTER et al. (2008) einen von Flugsanden begrabenen (fossilen) Braunerdehorizont aus Geschiebedecksand nachweisen, dessen Bildungszeit über OSL-Datierungen bestimmt wurde. Während der Geschiebedecksand ein hochglaziales Alter um 15 500 Jahre aufweist, wurden die hangenden Flugsande oberhalb des fossilen Bodenhorizonts vor ca. 13 500 Jahren im Weichsel-Spätglazial abgelagert (KÜSTER & PREUSSER 2009). Die finale Überprägung der Dünen ist mit anthropogenen Entwaldungsphasen seit dem Mittelalter bis in die jüngste Neuzeit verbunden.

Dünen und fossile Böden westlich des Großen Labussees

Bodenbildungen s. auch Kasten Seite 26

Zur Methode der OSL-Datierung s. Seite 102 im Kap. „Die Entschlüsselung des Eiszeitalters durch Datierungen“

Zwischen Dünen und Toteiskesseln liegt mitten in den Zwenzower Tannen eine seltene jagdtechnische Konstruktion. Der

Nachbau eines Wolfsfangs liegt hier in einer natürlichen Geländehohlform. Nach ca. 1 km in Richtung S findet sich nahe der Hotelanlage eine Informationstafel zum Pommerschen Sander bei Zwenzow. Die Tour setzt sich in Richtung S fort und erreicht Wesenberg in einem Gebiet mit verschiedenen touristischen Angeboten am Weißen See und dem Familienpark am Kleinen Labussee.

Von Blankenförde rund um den Jäthensee

Diese Tour beginnt in Blankenförde und führt über Babke und Schillerstorf rund um den Jäthensee in die östliche Mecklenburgische Kleinseenplatte. Die Landschaft wird hier fast vollständig von den Sanderablagerungen der Pommern-Phase (W2) dominiert. Der Sander zwischen Blankenförde und Langhagen zeichnet sich durch grobe Kiessandschüttungen aus. Die weiter südlich gelegenen Bereiche des Sanders sind vor allem im Gebiet östlich der Müritz durch glazilakustrine Beckenablagerungen geprägt, die zumeist aus Feinsanden bestehen. Die Sanderebene wird zwischen Granzin, Blankenförde und Zwenzow durch eine Seenkette gegliedert, die den Verlauf einer älteren, N – S-orientierten subglazialen Rinne aus der Frankfurt-Phase nachzeichnet.

glazilakustrin: durch Schmelzwasser randlich in einem Becken abgelagert

Hinter der 1702 erbauten Fachwerkkirche von Blankenförde befindet sich eine Informationsstelle des Müritz-Nationalparks (**59**). Östlich hinter der Nationalparkinformation liegt eine vermoorte Niederung, die zum Görtowsee gehört. Das Verlandungsmoor wurde über Meliorationsgräben für die Grünlandgewinnung trocken gelegt. Ein Burgwall auf einer Halbinsel im Görtowsee zeugt von einer slawischen Besiedlungsphase. Der Ort Blankenförde ist durch die Havel vom südlich angrenzenden Ortsteil Kakeldütt getrennt. Der etwas sonderbar klingende Name Kakeldütt bezieht sich auf Strudellöcher (Kolke) in der Havel. Hier befand sich im ausgehenden 18. Jh. die Blankenförder Wassermühle, deren Betrieb schon 1824 wieder aufgegeben wurde, um die Entwässerung der angrenzenden Moorflächen und ihre bessere landwirtschaftliche Nutzung voranzutreiben.

NP-Infostelle in Blankenförde

Kolke entstehen durch Strömung an der Flusssohle durch Ausschwemmen von Sohlmaterial

Landschaftskundliche Untersuchungen in der Havelniederung von KÜSTER & JANKE (2009) wiesen in der 1-m-Terrasse zwischen Jäthensee und Kakeldütt einen begrabenen, ca.

Fossile Torfe

Zur Pollenanalyse und ^{14}C-Datierung s. Seiten 93 und 99 im Kap. „Die Entschlüsselung des Eiszeitalters durch Datierungen"

30 cm mächtigen Torfhorizont nach. Die Torfbasis wurde durch Pollenanalysen in das Jüngere Subatlantikum mit einer Wachstumsphase seit der ausklingenden Slawenzeit datiert. Der obere Torfbereich bricht in der jüngeren Neuzeit (251 ± 40 Jahre v. h.) ab, was durch eine Absolutdatierung mittels ^{14}C belegt wurde. Damit sind die überlagernden Terrassensande der 1-m-Terrasse jünger als 300 Jahre und genetisch nur mit jüngeren Stauwerken entlang der Havel verbunden.

In Blankenförde befinden sich eine Kanuanlegestelle und ein Bootsverleih. Von hier kann man das Land der Tausend Seen, wie man die Mecklenburgische Seenplatte auch nennt, mit dem Paddelboot erkunden.

Jäthensee

Ab Blankenförde folgt die Tour dem ca. 13 km langen Radrundweg um den Jäthensee. Zunächst folgt man dem Müritz-Nationalparkweg in westlicher Richtung durch den Wald und erreicht nach etwa 1,5 km einen Rastplatz mit einem Rundweg zum Havelstein (**22**) mit einer Informationstafel zum Jäthensee. Der Jäthensee gehört wie der Zotzensee und Pagelsee zu den durchflossenen Havelseen. Er fungiert als Sammelbecken und nimmt neben der Havel die Bäche und Meliorationsgräben der südlich angrenzenden Grundmoränenfläche um Schillerstorf und Roggentin auf. Die durchschnittliche Sichttiefe der Seen von 3 – 5 m lässt eine gute Entwicklung der Unterwasserflora mit Hornkraut, Spiegelndes Laichkraut, Tausendblatt, Kammlaichkraut und Laichkrautrasen zu. An der Wasseroberfläche sind Schwimmblattpflanzen wie Seerosen und Wasserknöterich verbreitet. Die verlandeten Uferzonen sind wichtige Vogelbrutstätten und wahre Eldorados für Vogelkundler.

Babke

Mehr über den Ort Babke auf Seite 57

Nach weiteren 1,5 km überquert man wieder die Havel und durchquert das kleine Dorf Babke. Am südlichen Ende des Dorfes steht das Sonnentor. Das holzgeschnitzte Sonnentor gehörte ehemals zu einem Fachwerk-Torhaus in Hohenzieritz und wurde Anfang des 20. Jh. nach Babke umgesetzt. In Babke folgt man dem Weg in Richtung Schillerstorf. Unmittelbar hinter dem Ortsausgang befindet sich ein Aussichtspunkt über den Zotzensee und Jäthensee. Nördlich des Weges überlagert ein Dünenkomplex (**23**) die Sandersedimente. Im südöstlichen Randgebiet des Woterfitzsees werden bei Zietlitz in einem ca. 400 m langen und ca. 50 m breiten Dünenzug immerhin Höhen von 12 m erreicht. Die Dünen wurden in den vergangenen Jahrhunderten durch Entfernung oder Zerstörung

Dünenbildungen

Dünen entlang des Weges zwischen Zietlitz und Schillerstorf.

der Vegetation infolge der intensiven Waldbewirtschaftung (Glashütten, Teeröfen) und Überweidung (Heidelandschaft) mobilisiert. Die aktive Entwicklung der Dünen und Flugsanddecken dauerte hier noch bis in die 1990er Jahre an, da die karge Vegetationsdecke immer wieder durch Panzerübungen auf dem ehemaligen russischen Truppenübungsplatz aufgerissen wurde.

Schillerstorf

Die Tour folgt der Ausschilderung in Richtung Schillerstorf und erreicht nach ca. 500 m die Blüchereiche (**24**). Die Eiche ist dem aus Mecklenburg stammenden Feldherrn Gebhardt Leberecht von Blücher gewidmet, der seit den Napoleonischen Befreiungskriegen als General Vorwärts berühmt ist. Der Ort Schillerstorf befindet sich am südlichen Eingangsbereich des Müritz-Nationalparks an der westlich angrenzenden Mirow-Leppiner Seenkette. Das Bauerndorf wurde 1270 als Scilderstorpe erstmals urkundlich erwähnt. Östlich von Schillerstorf ändert sich der Landschaftscharakter, denn hier wurde die etwas höher liegende Grundmoräne aus der Frankfurt-Phase (W1F) nicht von jüngeren Sandersedimenten überlagert. Die Schillerstorf-Roggentiner Grundmoräneninsel wird im Norden und Osten von Moorniederungen umgeben. Mit 75 m ü. NN sind der Hollenberg und der Klapperberg die höchsten Erhebungen. Im Süden der Grundmoränenfläche dominieren glazilakustrine Beckenfüllungen mit lokaler Dünensanddecke den geologischen Untergrund.

Schillerstorf-Roggentiner Grundmoräneninsel

Moorflächen um den Jäthensee und angrenzende Grundmoränenfläche bei Roggentin.

Zwischen Qualzow und Roggentin erreicht man einen sanft welligen, vor allem landwirtschaftlich genutzten Landstrich. Archäologische Funde zeigen, dass die Gegend um Roggentin bereits nach dem Ende der Eiszeit von steinzeitlichen Jägergruppen aufgesucht wurde. In der Bronze- und Eisenzeit wurden die ersten festen Siedlungen errichtet. Die nordöstlich an den Weg grenzenden Moorflächen sind Flachuferbereiche des Jäthensee-Beckens.

Nach dem Ort Roggentin erreicht man hinter dem Ortsteil Förden einen großen Buchen-Mischwald. Ungefähr 1 km östlich der Abzweigung nach Blankenförde (Radfernweg Berlin – Kopenhagen) biegt man dem Müritz-Nationalparkweg folgend in nördliche Richtung ab. Westlich des Weges liegt idyllisch im Wald verborgen der Krumme See (**25**), der genetisch mit der Schmelzwasserrinne vom Görtowsee zusammenhängt. Der See und sein direktes Umland wurden in einem Forschungsprojekt der Universität Greifswald von KÜSTER et al. (2012) geowissenschaftlich untersucht. Die Kollegen wiesen mittels limnologischer Befunde ein spätes Toteisaustauen im frühen Holozän nach. Spätestens ab dem Boreal war der See vollständig mit Wasser gefüllt und unterlag bis in das jüngere Holozän klimatisch induzierten Seespiegelschwankungen.

Krummer See

Nach Pollenanalysen wurde der erste Anbau von Getreide im jüngeren Subboreal und damit in der Bronzezeit nachgewiesen. Ab dieser Siedlungsperiode sind hier auch erste anthropogen verursachte Bodenerosionsprozesse in der Landschaft nachweisbar. Seit dem Mittelalter, vor allem aber seit der deutschen

Zeugnisse früher Besiedelung

Besiedlungsphase, wurden Waldflächen großflächig gerodet und ackerbaulich genutzt. Starke Erosionsprozesse führten auf sandigen Böden zur Bildung von Dünen, an Hängen zu Erosionskerben und in Becken zur Ablagerung großer Schwemmfächer. Der anthropogene Einfluss auf das umgebende hydrologische System wirkte sich auf den Wasserstand des Krummen Sees aus, der ein maximales Niveau von ~ 1,5 m über dem heutigen Seespiegel erreichte. Der Müritz-Nationalparkweg erreicht nach 2 km südlich vom Buchenberg (78 m ü. NN) den Jamelsee, der mit einer Badestelle am Campingplatz Hexenwäldchen zu einer Rast nahe Blankenförde einlädt.

Entlang der Havel vom Zotzensee zum Pommerschen Sander

Diese Tour folgt von Babke dem Weg nach N rund um den Zotzensee über Granzin, Krienke und Zartwitz. Archäologische Funde belegen, dass schon in der mittleren Steinzeit, aber auch in der Bronze- und Eisenzeit, Menschen in der Region zwischen dem Jäthensee und Zotzensee lebten. Der Name Babke, der 1257 erstmals urkundlich erwähnt wurde, leitet sich vom slawischen Wort Baba/Babak ab (= Alte). Das Dorf liegt auf einer Grundmoränenfläche mit ertragreichen Lehmböden. Neben der Landwirtschaft gab es zeitweise weitere Einnahmequellen. In der Babker Feldmark wurde 1786 eine Glashütte geöffnet und ab 1839 wurde hier nach der Seespiegelabsenkung durch die Schließung der Blankenförder Mühle ein Kalkofen zur Branntkalkgewinnung betrieben.

Babke

Zum historischen Kalkabbau s. Seite 42

Bis in das beginnende 19. Jh. wurde die Landwirtschaft der Gegend stark durch den Betrieb der umliegenden Wassermühlen beeinträchtigt. So hatten die Bewohner am Wasserlauf oberhalb einer Mühle durch den Wasserstau zum Betrieb der Mühlenräder stets mit Überschwemmungen der Felder zu kämpfen. Dagegen klagten die Menschen, die unterhalb der Mühle wohnten, oftmals über Wassermangel. Zu Beginn des 19. Jh. wurde der Betrieb der Mühlen jedoch von land- und forstwirtschaftlichen Interessen in den Hintergrund gedrängt und der Havelkanal (**26**) als kürzeste Verbindung zwischen Jäthen- und Zotzensee fertiggestellt. Mit Hilfe von Entwässerungsgräben wurde der Wasserhaushalt der Äcker und Wiesen um Babke herum reguliert. Der bis dahin durch das Fuchsbruch fließende Havelbach verlor seine Durchflussfunktion und wurde erst zwischen 1998 und 2003 durch einen künstlichen Wasseranstau im Rahmen eines EU-LIFE-Projektes zur Wiedervernässung der Zotzenseeniederung reaktiviert.

Dünen auf Sanderablagerungen

Von Babke führt diese Tour nach N dem Radfernweg Berlin – Kopenhagen folgend in Richtung Granzin. Nach dem Passieren der Havel durchquert man östlich des Zotzensees ein Dünengebiet auf Pommerschen Sandersedimenten. Auf ebenen Flächen dominiert die monotone Morphologie des Pommerschen Sanders, der lokal von Dünen oder Flugsanddecken überlagert wird. Die Trockenstandorte der noch vor kurzer Zeit aktiven Dünen sind mittlerweile mit Pioniervegetation und jungen Kiefern bedeckt.

Fischadler-Beobachtungsstelle am Zotzensee

Toter Wald im Tannensee

Auf dem Weg nach Granzin befindet sich an der Nationalpark-Bushaltestelle am Rande des Zotzensees eine gut ausgebaute Fischadler-Beobachtungsstelle (**27**). Nach ca. 3,5 km folgt an der Moorniederung am Tannensee eine weitere Beobachtungsstelle (**28**), an der man beobachten kann, wie sich künstliche Änderungen des Wasserhaushalts auf die Umwelt auswirken. Heute im Wasser stehende Bäume im einst verlandeten Tannensee zeigen, dass vor den jüngsten Wasserregulierungsarbeiten am Zotzensee der verlandete Teil der Niederung mit Kiefernwald bestockt war. Seit 1998 erhöht sich durch den künstlichen Wasseraufstau am Zotzensee der Grundwasserstand, wodurch sich im Tannensee wieder ein flaches Gewässer bilden konnte. Die Bäume halten diesem permanenten Wasserstress auf Dauer nicht stand und sterben ab. Dadurch ergibt sich ein bizarres Bild von abgestorbenen Bäumen in einer Wasserfläche, in der sich Schwäne, Enten und diverse Amphibien tummeln. Auf der westlichen Seite des Weges schließt

Der Zotzensee ist mit einem dichten Schilfgürtel umgeben.

Blick auf „toten Wald" am wiedervernässten Tannensee.

sich eine weitere offene Wasserfläche mit Schilfgürtel an, die auch von Graureihern frequentiert wird.

Pagelsee

Vom Tannensee biegt unsere Tour nach ca. 500 m Richtung W zu einem kleinen Abstecher zum Pagelsee ab. Der Pagelsee ist ein ideal geformter, schmaler, subglazial angelegter Rinnensee. Eine Holzbrücke (**29**) ermöglicht einen schönen Ausblick auf den See. Die Holzbrücke wurde 1973 gebaut, um Krienke, das vollständig vom russischen Truppenübungsplatz umgeben war, überhaupt mit dem PKW erreichen zu können. Wer die Tour nicht bis nach Granzin fahren und diese um ca. 6 km abkürzen möchte, quert die Brücke und fährt nach links (SW) direkt nach Krienke. Alle Unverdrossenen kehren auf der Holzbrücke um und fahren den Plattenweg nach Granzin (NE). Nach 2 km erreicht die Tour das idyllische Dorf, das mit Dorfkrug, Töpferei und einer Badestelle am Rande des Granziner Sees zu einem Aufenthalt lockt.

Granzin

Wir befinden uns bei Granzin wieder an einer Rinne im Pommerschen Sander, auf dem die nährstoffarmen Sandböden die Landnutzung dominieren. Das Dorf ist als Rundling um die auf einer Anhöhe liegende Dorfkirche mit einem innenliegenden, viereckigen Anger angelegt. Das slawische Granica (= Grenze) im Namen von Granzin bedeutet, dass hier in historischer Zeit eine Grenze zwischen zwei Herrschaftsgebieten verlief. Von der Einsetzstelle der Kanuverleihstation starten Wassertouren in Richtung E über den Granziner See und Käbelicksee bis Kratzeburg. Bis zum Käbelicksee stellt die Havel nur einen maximal 2 m breiten Bach dar. Bei Kratzeburg erreicht man den nördlichsten Punkt der schiffbaren Havel. Auch eine Tour in Fließrichtung der Havel (SW) ist zu empfehlen. Hier kann man erleben, wie Paddelboote mit einer Bootsschleppe (manuell betriebene Schienenbahn) (**30**) über eine ca. 800 m breite Sandbarriere gefahren werden müssen. Bei Babke ist die Havel 4 – 5 m breit und über 1 m tief. Die hier nur gering regulier-

Geogenetische Interpretationen und ihre Unsicherheiten

Die geologische Flächenkartierung zur Erfassung der Gesteinslithologie und Deutung der morphologischen Befunde basiert auf Peilstangenbohrungen mit 2 m Teufe. Die genetische Interpretation der Sondierungsergebnisse ist häufig unsicher und unterliegt auch subjektiven Einflüssen des Kartierers. Die Deutung der Hügelkette um den Schaumberg als Schmelzwasserablagerung in einem inglazialen Spaltensystem (Os?) ist zzt. nur ein weiterer genetischer Erklärungsansatz. Sichere geogenetische Interpretationen sind nur über sedimentologische Detailaufnahmen in Aufschlussprofilen wie z. B. in Kiesgruben möglich. Solche Aufschlussverhältnisse fehlen im Gebiet um Granzin, sodass eine wissenschaftlich fundierte genetische Interpretation des Schaumbergs auch in näherer Zukunft nicht möglich sein wird. An diesem Beispiel wird deutlich, dass die jeweils aktuelle genetische Deutung von Landschaftsformen nicht als endgültiges Dogma anzusehen ist, sondern auf Grund neuer Geländebefunde und verbesserter genetischer Modelle immer weiterentwickelt wird.

Havelquelle s. Seite 33

te Havel ist ein typischer Flachlandfluss mit geringem Gefälle. Auf dem 28 km langen Abschnitt von den Havelquellen bei Ankershagen (62,8 m ü. NN) fällt das Wasserspiegelniveau auf 57 m ü. NN am Großen Labussee bei Zwenzow ab, was einem Abflussgefälle von gerade mal 0,6 ‰ entspricht.

Schaumberg

Folgt man in Granzin dem Weg vom Granziner Krug in den Dorfkern, fällt hinter der Havelbrücke auf der westlichen Seite der Schaumberg (79 m ü. NN) (**31**) auf. Diese Erhebung gehört zu einer NW – SE-verlaufenden Hügelkette, welche die Pommersche Sanderebene um 5 – 15 m überragt. Die Hügelkette setzt sich mit Erhebungen um 83 m ü. NN in südöstlicher Richtung an der südlichen Umrandung des Granziner Sees und des Käbelicksees bis nach Langhagen fort. Dieser morphologisch prägnante, langgezogene Geländerücken besteht aus geröllführenden Kiessanden und wurde bei der geologischen Kartierung als Satzendmoräne gedeutet (PETER 1967, BREMER 2000). Diese genetische Interpretation basiert auf wenigen Peilstangenbohrungen und rein morphologischen Befunden und ist nicht gesichert. Das gesamte Gebiet ist durch mehrere subglaziale Schmelzwasserrinnen geprägt, in deren Verlauf verschüttetes Toteis großen Einfluss auf die heutige Oberflächengestalt hatte. Der in Richtung Langhäger See (SE) zur Hauptrinne orientierte Kiesrücken lässt eine genetische Verbindung zu einem sich weiter öffnenden Eisspaltensystem vermuten, in welchem in der Zerfallsphase der Frankfurt-Phase (W1F) große Mengen freigesetzten Gletschermaterials durch Schmelzwasser transportiert und abgelagert wurden.

Die Tour führt nun von Granzin in Richtung W nach Krienke. Nach 500 m wird die Havel und der Rest eines Mühlenstausees passiert. Der Standort der ehemaligen Granziner Mühle ist von historischer Bedeutung, da ihre erste urkundliche Erwähnung schon im Jahre 1472 erfolgte, womit sie zu den ältesten bekannten Mühlen in Mecklenburg-Vorpommern zählt. Auf dem weiteren Weg passieren wir das Nordufer des Pagelsees mit einer schönen Badestelle und der schon erwähnten Holzbrücke (**29**). Der nun folgende Ort Krienke wurde 1416 erstmals urkundlich erwähnt, fiel aber im 16. Jh. wüst. Erst im frühen 18. Jh. wurden in Krienke wieder Kolonisten angesiedelt, deren Nachfahren 1986 wegen der zentralen Lage mitten auf einem russischen Truppenübungsplatz umgesiedelt wurden. Krienke

Bei Krienke stehen feinkörnige Sande in größerer Mächtigkeit an, die als glazilakustrine Beckenablagerungen kartiert wurden (PETER 1967). Im Ort beginnt der 3 km lange Rohrdommel-Rundweg, der um südwestlich angrenzende Dünen (Nürnberge) zu einem Aussichtsturm (**32**) über den Zotzensee führt. Nach dem Rundweg gelangt man über einen Feldweg zur Zartwitzer Hütte. Hier dominieren arme Sandböden des Pommerschen Sanders und aufliegender Flugsanddecken bzw. Dünen die Landschaft. Die Zartwitzer Hütte entstand 1785 als Glashütte, die aber schon nach nur 19 Produktionsjahren wieder geschlossen wurde. Die Glashütte lag nördlich des Weges zwischen dem Ort und dem Landsee und war erst nach der Blütezeit der mecklenburgischen Waldglasproduktion in Betrieb (MASUROWSKI & MOMBOUR 2009). Um 1886 wurden auf dem Gebiet der Zartwitzer Hütte zwei Büdnerstellen errichtet. Zartwitzer Hütte

Glashütten

In Mecklenburg waren die Bedingungen für das Anlegen von Glashütten nach dem Dreißigjährigen Krieg zwischen 1650 und 1750 günstig. Als Folge des Krieges gab es in zahlreichen wüst gefallenen Landstrichen auf ehemals landwirtschaftlich genutzten Flächen genügend Waldflächen. Für die Feuerung von Glashütten und die Pottaschegewinnung waren große Holzmengen nötig. Aus der Holzasche wurde die Pottasche ausgelaugt, die als Flussmittel die Schmelztemperatur des Sandes herabsetzt. Vom Gesamtholzvorrat verbrauchte man nur 3 – 5 % für das Heizen des Glasofens, dagegen fast 95 % für die Pottaschegewinnung. So wurden Unmengen von Holz für das Glasschmelzen benötigt, denn je nach Holzart waren 1 – 3 Festmeter Holz notwendig, um 1 kg Glas zu erzeugen. Die Glashütten lagen wegen der Feuergefahr und der Nähe zur Brennstoffquelle isoliert außerhalb von Dörfer oder Gütersiedlungen. War der Holzvorrat verbraucht, zog die Glashütte zum nächsten Ort.

Die weitere Tour führt entlang des Ostufers des Woterfitzsees in Richtung S. Direkt am Weg ist an den Zartwitzer Fischteichen ein Natur-Beobachtungsstand ausgebaut. Der Weg ist auf lockeren Feinsanden angelegt, was das Radfahren deutlich erschwert. Östlich des Weges sind Dünen verbreitet, welche Höhen von mehreren Metern erreichen. Ungefähr 1 km südlich von Zartwitz wurden feinkörnige glazilimnische Ablagerungen unter Feinsanden am Weg zum heutigen Feriendorf kartiert (PETER 1967). Die Ferienanlage steht auf dem Gelände einer ehemaligen Ziegelei (**33**), wo Bändertone im 19. Jh. zu Ziegelsteinen verarbeitet wurden. Die Baustoffe wurden dann über den Bolter Kanal nach Waren und Röbel oder über die Leppin-Mirower-Seerinne bis nach Mirow verschifft.

limnisch: in ruhigeren Seebereichen abgelagert

An der Wegkreuzung biegt die Tour nach E in Richtung Babke ab. Südlich des Weges prägt wieder Kiefernwald auf Sandersanden mit lokalen Dünenaufwehungen das Landschaftsbild. Nördlich des Weges liegt im Wald das Dammmoor, der flach vermoorte Bereich des Zotzensees. In Babke erreicht die Tour wieder die höher liegende Grundmoräne der Frankfurt-Phase, die hier um 70 m ü. NN liegt. Kurz vor dem Dorf Babke liegt noch einmal ein Aussichtspunkt auf die nördlich angrenzende Zotzenseeniederung. Der Blick nach S geht über den Jäthensee bis zur Insel Schulzenwerder.

Rund um Penzlin – Oser, Rinnen und eine Findlingspyramide

Penzlin

Die Tour beginnt in Penzlin und führt rund um das Penzliner Os über Mallin, Passentin und Lapitz nach Puchow. Penzlin liegt im Schnittpunkt mehrerer glazialer Rinnen eingebettet in der Pommerschen Grundmoräne (W2). Die Rinnenbecken sind durch vermoorte Niederungen und Seeflächen gekennzeichnet. Der Ort Penzlin wird von den Einheimischen auch „Punschendörp“ genannt und ist eine typische Ackerbürgerstadt. Um Penzlin bildeten sich schon in der slawischen Zeit (6. – 13. Jh.) mehrere Siedlungszellen. Die Altstadt liegt auf einer Geländeerhebung, umgeben von vermoorten Niederungen und Seen. Im Stadtzentrum steht die gotische Backsteinkirche St. Marien aus dem 14. Jh., die bereits aus großer Entfernung sichtbar ist.

Vor 1200 n. Chr. war **Penzlin** eine Burg mit angrenzender Burgsiedlung. Vom slawischen Fürsten Nikolaus von Werle zur Stadt erhoben, wurde Penzlin im Jahre 1230 als Slote to Pentzelyn (Schloss zu Penzlin) urkundlich erwähnt. Auf dem Burgplateau kann man die Reste des alten Wallsystems erkennen. Von der mittelalterlichen, mehrfach gegliederten Alten Burg ist nur noch der zentrale Bergfried erhalten, dessen Bebauung aus dem 16./17. Jh. stammt.
In diesem Renaissancebau befindet sich mit dem Hexenkeller ein nachgestaltetes mittelalterliches Folterverlies. Das Burgmuseum (**67**) beherbergt viele interessante Exponate und eine Ausstellung zur düsteren Geschichte der Hexenverfolgung. Auf dem Scheiterhaufen am Galgenberg bei Penzlin wurde 1699 letztmalig in Mecklenburg eine „Hexe“ verbrannt.

Eine Sage zum Thema Riesensteine handelt von einem eigentümlichen Findling im südwestlichen Teil der Penzliner Stadtmauer. Dort soll sich ein Granitstein befinden, der rundlich ausgehöhlt ist. Diesen Findling soll ein Riese von Strelitz hergeschleudert und durch den Druck eines Daumens die rundliche Vertiefung bewirkt haben (n. NIEDERHÖFFER 2002). Ich habe leider den Stein mit dem riesenhaften Daumenabdruck trotz intensiver Suche nicht finden können. Versuchen Sie selbst Ihr Glück bei einer Erkundung der Altstadt und der Stadtmauer.

Großer Stadtsee

Der Große Stadtsee von Penzlin gehört mit dem südwestlich angrenzenden Klein Vielener See und dem nördlichen Malliner See zu einer subglazialen Rinne des Pommerschen Eisvorsto-

Die Alte Burg liegt auf einem Hügel mitten in Penzlin.

Blick von Passentin nach Mallin über die kuppige Grundmoränenlandschaft mit dem Todtenberg im linken Vordergrund und der Aalbachniederung im rechten Hintergrund.

ßes. Der Große Stadtsee entwässert nach N über den Malliner See und den Aalbach in das Malliner Wasser. Der aus westlicher Richtung kommende Mühlengraben mündet hier in den Großen Stadtsee. Diese wasserbauliche Maßnahme war für die historischen Mühlenwerke entlang des Malliner Wassers wichtig.

Malliner Wasser s. Kap. „Das Malliner Wasser – ein idyllisches Flusstal" auf Seite 69

Wir verlassen Penzlin nach Mallin in nördlicher Richtung über den ausgebauten Radweg auf dem alten Bahndamm. Die wellige Grundmoränenlandschaft wird hier von fruchtbaren Böden auf Geschiebemergel und -lehmen dominiert, was durch die intensive landwirtschaftliche Nutzung leicht erkennbar ist. Ein weit verbreiteter Bodentyp auf verwitterten Geschiebemergeln der Grundmoräne ist der Pseudogley. Die typische Fleckung mit gebleichten Bereichen und Eisenausfällungen entsteht durch Staunässe, durch die Reduktions- und Oxidationsprozesse im Boden verursacht werden.

Mallin

Der Name des 1348 erstmals erwähnten Dorfes Mallin geht auf den slawischen Begriff Maly (= klein) zurück. Im Laufe der Zeit entwickelte sich Mallin zu einem Gutsdorf mit Gutsschloss. Hinter dem Ortsausgang in Richtung Passentin überquert man den Aalbach, der im Unterlauf als Malliner Mühlbach oder seit dem 19. Jh. romantisiert als Malliner Wasser bezeichnet wird. Hier ist der Bach nur wenige Meter in die umgebende Grundmoränenfläche eingetieft, aber im Unterlauf bei Zirzow beträgt die Höhendifferenz zwischen Grundmoränenebene und Flussaue mehr als 20 m. Die Straße zwischen Mallin und Passentin führt entlang einer südlich angrenzenden Moorniede-

Moorniederung einer subglazial angelegten Rinne östlich von Lapitz.

rung. Das mit Gräben meliorierte Feuchtgebiet ist ein Becken, das zu einer 20 km langen subglazialen Schmelzwasserrinne zwischen Wolde und Penzlin gehört. Typisch für die glazifluvial angelegte Struktur sind die perlschnurartig aneinander liegenden Rinnenseen.

Passentin mit slawischer Siedlung

Die Tour erreicht nun Passentin, wobei sich der Name des Ortes vermutlich aus dem slawischen Wort Pačęta (= Lokator) herleitet und auf einen im 14. Jh. zerstörten Burgwall am Nordufer des Malliner Sees deutet. Heute kann man in Passentin die Rekonstruktion einer slawischen Siedlung mit Holzhäusern in der Bauweise des 6.–13. Jh. erleben und sich im Sommerhalbjahr über historisches Kulturgut und Handwerk informieren.

Die Tour führt weiter nach Lapitz in Richtung W. Der Ort Lapitz liegt auf einer kuppigen Pommerschen Grundmoräne am Übergang zur westlich angrenzenden Zone der ehemaligen subglazialen Schmelzwasserrinne (**34**). Am Ortsausgang in östlicher Richtung quert man einen flachen Nebenarm dieses Rinnensystems. Das Becken bildet den südlichen Anschluss des Geveziner Sees an die Gevezin-Puchower-Rinne.

Es lohnt sich eine Rast auf dem liebevoll eingerichteten Gemeindeplatz am östlichen Ortseingang von Puchow und ein kurzer Abstecher zum Gutsschloss. Die Tour folgt der Straße nach Penzlin, die für ca. 2 km an der Westseite eines langgezogenen Kiessandhügels verläuft. Dort liegt der Wokuhlsee (**35**), der durch seine Form geradezu lehrbuchhaft als Prototyp für langgezogene Rinnenseen gelten kann. Die Schmelzwas-

Blick auf den Zieskensee, der wie der Kukuksberg im Hintergrund zum Penzliner Os gehört.

Penzliner Os und Osgrabenseen

serrinne wird zwischen Wrodow und Penzlin vom Penzliner Os begleitet. Bei diesem Os handelt es sich um einen 30 – 180 m breiten Wallberg, dessen Hügelketten sich über 30 km erstrecken. Die Rinnenseen liegen teilweise im sogenannten Osgraben in direkter Nachbarschaft vom Os.

An der Kreuzung südlich von Puchow erreicht man den Zieskensee, der mit dem nahen Parkplatz im Sommer eine beliebte Badestelle ist. Die südwestlich an die Badestelle angrenzenden Hügel vom Räuberberg (68 m ü. NN) gehören zum Penzliner Os, dessen Kiessande hier früher in einer Kiesgrube (**36**) abgebaut wurden. Leider sind die Aufschlusswände in den rolligen Kiessanden heute verstürzt, sodass wir nur auf die Beschreibung der früheren Kartierer zurückgreifen können. Das Penzliner Os wird nach SCHULZ (1998) häufig randlich von einer Geschiebemergelhülle bedeckt und weist lokal in seinem Kern Geschiebemergelaufragungen auf. Nach RÜHBERG (1966) zeigten die Aufschlussprofile in der ehemaligen Kiesgrube schräggeschichtete Sande mit südlicher Schüttungsrichtung. Die für ein subglaziales Os sprechende Geschiebemergeldecke fehlt hier allerdings. Im zentralen Kernbereich vom Penzliner Os wurden von REINCKE & WALTER (1998) diapirartige Geschiebemergel-Einpressungen beschrieben, die für offene Schmelzwasserkanäle und Aufpressungsoser sprechen. Die Befunde zeigen, dass es sich beim Penzliner Os um eine Kombination von subglazialen Oserbereichen und Ablagerun-

Mehr zu Osertypen auf Seite 15

gen offener Spaltensysteme zwischen Toteisblöcken handelt. Beim Blick vom Oshügel erkennt man deutlich, dass am Zieskensee zwei Osrücken nahezu parallel verlaufen und der zwischenliegende Rinnensee i. e. S. einen Osgraben darstellt (vgl. REINCKE & WALTER 1998).

Westlich vom Ortseingang von Penzlin liegen die Toteishohlformen vom Schmoorter See, Frauentog See und Grapenwerder Bruch. Sie sind genetisch mit der Penzliner Rinne verknüpft. Die Niederungen entwässern zum Wurzenbach, der zum Einzugsgebiet des Aalbachs gehört. Auf der nördlichen Seite grenzt das Grapenwerder Bruch an eine Grundmoränenfläche. Dort liegt ein slawischer Burgwall (**37**), dessen Herren der Überlieferung nach den slawischen Fürsten vom sagenhaften Rethra verpflichtet waren. Der Burgwall auf dem Grapenwerder war ideal geschützt, da er ringsum von Niederungen aus Seen und Mooren umgeben war. Die kreisförmige Wehranlage hat einen Durchmesser von 160 m. Durch die heutige landwirtschaftliche Überprägung lässt sich der Wall nur noch erahnen.

Grapenwerder Bruch mit slawischem Burgwall

Nur 500 m in nordwestlicher Richtung liegt das Grapenwerder Bruch. Am Grapenwerder Bruch setzte die limnische Entwicklung erst im höheren Weichsel-Spätglazial ein. Das bedeutet, dass hier Toteis aus der Pommern-Phase (Hauptabschmelzphase vor ca. 17 500 Jahren) noch lange konserviert im Untergrund existierte. Der erste Teil der Tour endet mit einem Blick auf die Alte Burg und die Kirche von Penzlin.

Zur regionalen Vegetationsentwicklung s. Kap. „Die Pollenanalyse – eine relative Altersdatierung" auf Seite 93

Im **Grapenwerder** soll ein Goldschatz verborgen sein, den man nur schweigend bergen darf. Einmal fanden mehrere Männer mit einem Wünschelrutengänger die Stelle, wo der Schatz verborgen liegen soll. Sie gruben in einer Nacht ein tiefes Loch und fanden eine goldene Wiege angefüllt mit Schätzen. Mit Stricken und Hebeln gingen sie ans Werk, den Schatz zu heben. Als der Schatz schon fast gehoben war, erschien ein Geist. Als einer der Männer vor Angst schrie, versank die goldene Wiege mit Getöse im tiefen Loch und die Erde schloss sich. An der Stelle soll dann ein Wasserloch, das Blanke Soll, entstanden sein (gekürzt n. NIEDERHÖFFER 2002). Egal, welche Motivation man hat, der Grapenwerder ist ein empfehlenswertes Ziel, um die schöne Eiszeitlandschaft zu genießen und dabei auch das Blanke Soll zu entdecken!

Der zweite Teil der Tour führt uns vom Großen Stadtsee über den Englischen Garten bei Werder zum Tempelberg bei Lübkow. Sie startet von Penzlin aus in Richtung SE und folgt dem Burgenwanderweg in Richtung Werder. Auf einer Halbinsel am Großen Stadtsee, etwa 2 km südlich von Penzlin, befindet sich

Die Findlings-Pyramide auf dem Tempelberg bei Lübkow.

ein slawischer Burgwall (**38**), der noch bis in das Mittelalter genutzt wurde (SCHWARZ 1987). Innerhalb des Walls sind Gebäudereste in einer rechteckigen Mulde zu erkennen. Bei einer Umrundung des Burgwalls findet man unmittelbar am Seeufer im südlichen Teil der Halbinsel eine schöne Raststelle. Der Große Stadtsee ist ein Rinnensee, der zum subglazialen Abflusssystem der Wolde-Penzliner Rinne gehört. Der See wird von einer stark kuppigen Grundmoränenlandschaft umrahmt. Vom Burgwall führt der Weg über eine Baumallee auf die Straße in Richtung Lübkow nach NE. Dort liegt nach ca. 1 km der Tempelberg, auf dem sich eine ca. 5 m hohe Feldstein-Pyramide (**39**) befindet. Der Grundriss der Ruhestätte von Joseph von Maltzan (1735 – 1805) beträgt ca. 4x4 m. Die Pyramide wurde wie die umgebende Schutzmauer hauptsächlich aus verwitterungsresistenten Graniten und Gneisen errichtet.

Tempelberg mit Feldstein-Pyramide

Gneis: metamorphes Gestein, das hauptsächlich aus Quarz, Feldspat und Glimmer besteht

Genießen Sie den Landschaftsblick von diesem Punkt. Man sieht in nördlicher Richtung die exponierte Kirche St. Marien in Penzlin. Die Hügel und Senken südlich von Penzlin und Neuhof sind genetisch mit der Rinne verknüpft. Blickt man vom Tempelberg nach E, sieht man weitere Hügel beim Dorf Siehdichum, wobei die Ortsbezeichnung viel zum morphologischen Landschaftscharakter aussagt. Die intensive landwirtschaftliche Nutzung der Grundmoräne zeigt an, dass hier ertragreiche Lehmböden auf verwitterten Geschiebemergeln verbreitet sind. Das Gelände erreicht Höhen um 83 m ü. NN und wurde vor allem wegen der morphologischen Exposition als Endmoräne kartiert (BULL 1966). Da für eine echte Eisrandlage aber weitere Indizien wie Sanderansätze oder Blockpackungen fehlen, ist dieser Höhenzug genetisch eher mit glazigenen Stauchungen im Untergrund oder mit Schmelzwasser-Spaltenfüllungen nahe der Pommerschen Endmoräne verknüpft.

Die Tour führt weiter nach Lübkow, wo eine Badestelle am gleichnamigen Rinnensee gelegen ist. Von Lübkow geht es über Neuhof zum Mühlenberg (78 m ü. NN). Diese Geländeerhebung in der Pommerschen Grundmoräne wurde früher auch Blocksberg (**40**) genannt, denn es ranken sich um ihn Walpurgisnacht-Geschichten von tanzenden Hexen und Teufeln. In der Nähe des Mühlenbergs befand sich in historischer Zeit die Penzliner Stadtziegelei, in der Geschiebelehm zu Ziegelsteinen verarbeitet wurde. Auf dem Mühlenberg befindet sich ein Denkmal zur Erinnerung an die Aufhebung der Leibeigenschaft.

Das Malliner Wasser – ein idyllisches Flusstal

Unsere Tour führt von Neubrandenburg an der B 104 entlang aus dem Tollensetal heraus und biegt am Ortsausgang nach NW in Richtung Woggersin ab. Nach ca. 2 km erreicht man nördlich des Bahnübergangs die Ruine der Krappmühle, die um 1250 für das Kloster Broda erbaut wurde. Heute zeugen an einem Altarm des Malliner Baches nur noch Fundamentreste und ein aufgestellter Mühlenstein von der historischen Nutzung der Mühle zur Erzeugung von rotem Färberkrapp aus der Krapppflanze (*Rubia tinctorum*). An der Kreuzung nach Zirzow biegt eine Straße nach W in Richtung Zirzow ab. Nach 100 m folgt man einem kleinen Feldweg nach N und findet unweit der Straße hinter einem Zaun einen Findling. Der Riesenstein an der Krappmühle (**41**) ist ein sehenswerter Findling, der deutliche Spuren seiner bewegten Vergangenheit aufweist. Auf der Oberfläche des Granits mit einem Volumen von 54 m^3 finden sich Eindellungen, die in der Bronzezeit (1800 – 800 v. Chr.) als Opferschälchen kultischen Zwecken dienten.

Riesenfindling an der Krappmühle

Nach 400 m erreichen wir einen Parkplatz (**42**), von wo der Weg durch das Tal des Malliner Wassers zu Fuß startet. Man folgt dem Piktogramm des Grünen Wanderschuhs und wird mit einer ca. 4 km langen Wanderung durch das wundervolle Tal des Mal-

Riesenstein an der Krappmühle bei Woggersin.

liner Wassers belohnt. Das ca. 200 ha große Landschaftsschutzgebiet stellt ein Refugium für bedrohte Tierarten und Pflanzengesellschaften dar. Es bietet die abwechslungsreichen Landschaftsformen eines eiszeitlichen Erosionstals, welches sich zum tiefer liegenden Tollensetal eingeschnitten hat. Das Malliner Wasser entwässert große Teile der Penzliner Seenrinne. Der Unterlauf des Malliner Baches schnitt sich auf seinem Weg zur Tollense zunehmend in die umgebende Hochfläche ein. Dadurch liegt der Talboden des nur 100 – 150 m breiten Kastentals 25 – 40 m unterhalb des umliegenden Grundmoränenniveaus.

Kastental: U-förmiges Tal mit steilen Hängen und breiter Sohle

Der Bach weist vom Malliner See bis zur Tollense ein durchschnittliches Gefälle von 2,2 ‰ und einen mittleren Abfluss von 136 m^3/h auf. Der kräftige Abfluss wurde historisch von einer Reihe von Wassermühlen genutzt, von denen die meisten heute außer Betrieb oder verschwunden sind. Die Brandmühle, die Chemnitzer Ölmühle und die am Ende des Bachtals liegende Krappmühle wurden seit dem beginnenden 14. Jh. urkundlich erwähnt. Als Sohlsubstrate treten vor allem sandig-kiesige Substrate und lokal freigespülte Blöcke und Steine auf.

Nach 1,5 km hat man an einem höher gelegenen Rastplatz auf einem Geländesporn einen schönen Überblick über das Tal und die südlich angrenzende Grundmoränenhochfläche bei Weitin. Bei geologischen Untersuchungen für das Gewerbegebiet von Weitin wurden in Bohrungen Torfe und Seemudden aus der Eem-Warmzeit nachgewiesen (RÜHBERG 1998). Die Wanderung erreicht an einer Brücke unweit der Bahnlinie eine große Auenwiese unterhalb der Zirzower Mühle. Hier sollte man umkehren und durch das Malliner Bachtal wieder zum Ausgangspunkt der Wanderung am Parkplatz zurückgehen. Von dort folgt unsere Tour der Straße nach Zirzow. Der Ort liegt auf der Grundmoräne, wovon die intensive landwirtschaftliche Nutzung der fruchtbaren Lehmböden zeugt. Die Kirche ist ein rechteckiger Feldsteinbau aus dem 15. Jh. mit Kreuzrippengewölbe. In Richtung Wulkenzin am südlichen Ortsausgang liegt die Zirzower Mühle im Malliner Bachtal. Westlich der Brücke führt ein Wanderweg zu einem schönen Rastplatz am Mühlenstau (**43**), der zur Rast unter großen Bäumen einlädt. Die Zirzower Mühle hat eine wechselvolle Geschichte aufzuweisen. Seit 1230 ist sie als Kornmühle urkundlich bekannt. Sie wurde um 1519 als Walkmühle und um 1625 als Sägemühle genutzt. Seit 1904 wird hier elektrischer Strom durch zwei Turbinen erzeugt.

Zirzow und Zirzower Mühle

Die Sohle des Mühlenbachs an der Zirzower Mühle besteht aus freigespülten Findlingen.

Die Tour führt von Zirzow auf einer Landstraße über die flachwellige Grundmoräne weiter in Richtung Chemnitz. Die 1305 geweihte Dorfkirche in Chemnitz ist ein rechteckiger Feldsteinbau mit Backsteingiebel. In Chemnitz folgt man dem Weg nach Blankenhof in Richtung SW.

In Blankenhof biegt unsere Tour nach SE ab. Dort ist die ackerbaulich genutzte Grundmoräne gut überschaubar. In einer kleinen Buschgruppe unterhalb einer Stromleitung liegt ein Riesenfindling, der als „De groote Steen" (**44**) ausgeschildert ist. Das hellgraue Gneisgeschiebe mit einem Volumen von 42 m^3 weist auf seiner Oberfläche eine etwa 3 m lange und mehrere Zentimeter tiefe Rinne auf.

De groote Steen bei Blankenhof ist einer der größten Findlinge der Region.

Riesenfindling De groote Steen

In diese künstlich geschlagene Keilnut sollten im nächsten Arbeitsschritt Metallkeile eingesetzt werden, um den Findling zu spalten. Der quaderförmige Block weist außerdem Bohrlöcher der versuchten Spaltung und eine Treppe auf.

Der Weg führt nun wieder zurück über Chemnitz nach S in Richtung Wulkenzin. Am Bahnhof Blankenhof überquert man die Bahnlinie Stavenhagen – Neubrandenburg. Da man sich dem Umland des Tollensebeckens nähert, wird hier die Landschaft wieder hügeliger. Zum Landschaftscharakter machten sich auch unsere Vorfahren in grauer Vorzeit Gedanken. Da in dieser Zeit aber niemand etwas über die Auswirkungen der pleistozänen Eiszeiten wusste, wurden die Hügel großen Wohnhöhlen von Lindwürmern zugeschrieben, die im Untergrund leben sollen. Ein Brandenburger Ritter namens Jürgen (niederdeutsche Namensversion angelehnt an den heiligen St. Georg) soll hier im Mittelalter den letzten Lindwurm erschlagen haben.

Geologische Exkursion um die Müritz

Der Luftkurort Waren ist idealer Ausgangspunkt für Radtouren in die Natur rund um die Müritz. Diese zuerst südöstlich der Müritz verlaufende Tour stellt die Landschaft der Mecklenburger Großseen vor. Der Müritz-Radrundweg (106 km) führt von der Warener Altstadt vorbei am Stadthafen in den Müritz-Nationalpark. An einigen Stationen gibt es Haltestellen der Nationalpark-Buslinie, mit welcher man auch Fahrräder transportieren kann. Die Tour führt am Ufer der Müritz entlang zum Neubaugebiet Warener Ecktannen. Wer sich für regenerative Energie interessiert, fährt zum Papenberg am Federower Weg. Hier stehen die oberirdischen Anlagen der ältesten Tiefen-Geothermieanlage Deutschlands (**45**).

Älteste Tiefen-Geothermieanlage Deutschlands

Der Müritz-Rundweg führt weiter über einen Kanal zwischen Binnenmüritz und Feisnecksee. Der Name Müritz (slaw. = morze) bedeutet kleines Meer. Schon im 2. Jh. vermerkte der griechische Astronom und Geograph Claudius Ptolemäus in seinem Werk Geographia, dass ihm ein großer See südlich der Ostsee bekannt war. Die Müritz ist mit einer Fläche von 109 km² das größte Binnengewässer in Norddeutschland. Am Nordende des Sees teilt sich bei Waren die Binnenmüritz vom Hauptbecken der Außenmüritz ab. Die Binnenmüritz nimmt nur einen geringen Teil der Seefläche ein, weist aber mit 31 m die größte Seetiefe der gesamten Müritz auf. Sie steht genetisch mit einer subglazialen Schmelzwasserrinne in Verbindung, die vom Tiefwarensee durch die nordwestliche Müritz bis zur Sietower Bucht verläuft.

Tiefwarensee s. Seite 91

Sietower Bucht s. Seite 88

Mit dem Niedertauen der Gletscher der Frankfurt-Phase (W1F) entwickelten sich im Müritzbecken große Toteisfelder, die nahe der Pommerschen Eisrandlage (W2) noch von Sanderablagerungen überschüttet wurden. Mit der Klimaerwärmung seit dem Spätglazial schwand der Dauerfrostboden und das ver-

Entwicklung der Müritz

Das Warener Thermalwasser

Im Inneren der Erde wird seit ihrer Entstehung vor allem durch radioaktiven Isotopenzerfall Wärme erzeugt, die an die Erdoberfläche abgegeben wird. Das Warener Thermalwasser wird in 1 565 m Tiefe aus porösen Sandsteinen des Oberen Keuper (Rät) gefördert. Die Pumpen fördern ca. 60 m³/h des 62 °C warmen Thermalwassers, das einen Salzgehalt von 158 g/l besitzt. Das nach dem Wärmeentzug auf 48 °C abgekühlte Thermalwasser wird über eine 1,2 km entfernte Injektionsbohrung am Waupacksee in 1 580 m tiefe Gesteinsschichten des Unteren Jura (Lias, Hettang) verpresst.
Die Geothermie liefert nach Auskunft der Stadtwerke Waren (2012) jährlich durchschnittlich 5 500 MWh Fernwärmeenergie für ca. 1 630 Wohnungen und weitere öffentliche Gebäude am Papenberg. Neben der Verwendung zu Heizzwecken wird die abgekühlte Thermalsole auch für balneologische Belange verwendet. Die jodhaltige Sole ist auch Basis für das Original Warener Badesalz.

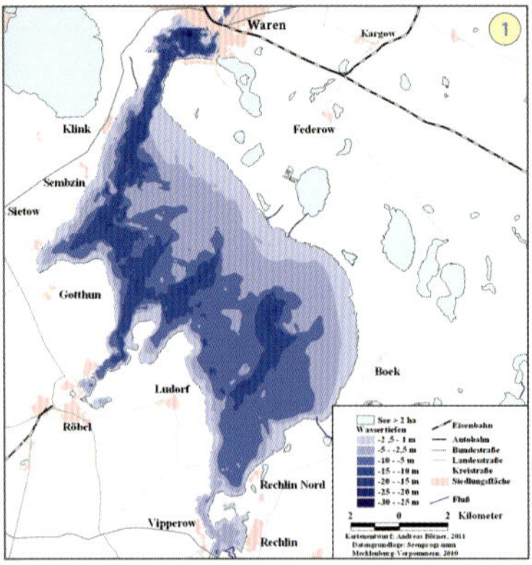

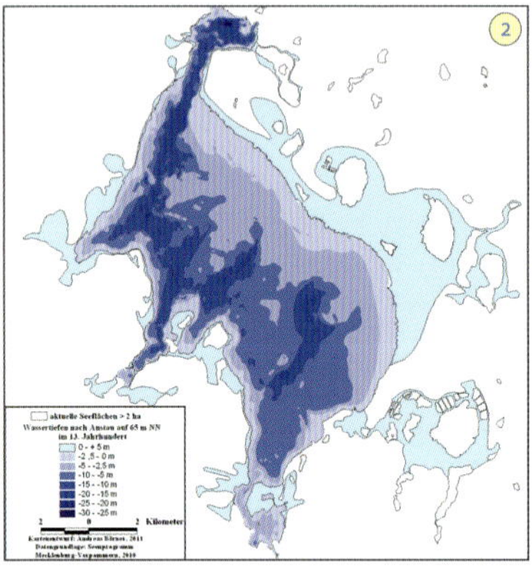

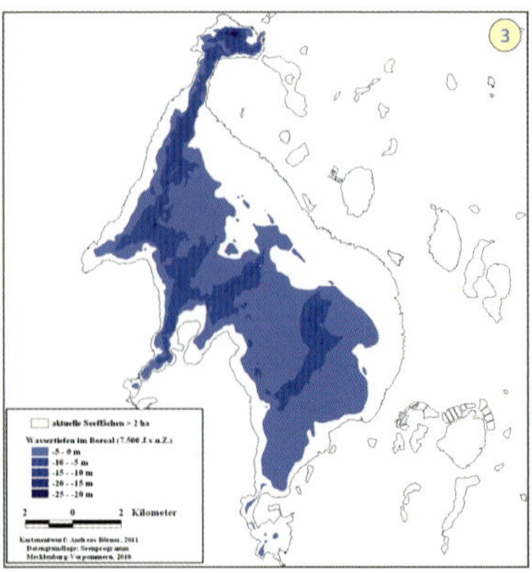

schüttete Toteis taute ab. An der Oberfläche bildeten sich Grundbrüche, die sich zu flachen Seebecken oder vermoorten Niederungen entwickelten. Es handelt sich bei der Müritz also um eine Kombination aus tieferen Rinnenbereichen und flachen Toteisbecken. In den Spaltensystemen und Becken zwischen den Toteisblöcken wurden durch Schmelzwasser glazifluviale Kiessande abgelagert.

Zur Entwicklung der Müritz wurde in den letzten Jahren vor allem von Geowissenschaftlern der Universität in Greifswald geforscht (s. KAISER 1996, LORENZ et al. 2008, LAMPE et al. 2009). Seit dem Meiendorf-Interstadial wurde in Beckenbereichen unterhalb 56,5 m ü. NN eine ununterbrochene Seephase nachgewiesen. In kälteren Phasen des Weichsel-Spätglazials wurde über Schwemmkegel und äolische Einwehungen viel allochthones Material in die Seebecken eingetragen. In das Allerød-Interstadial datierte Torfe um 60 m ü. NN belegen, dass der Seespiegel der Müritz in dieser Phase unter 60 m ü. NN gelegen haben muss. Im Präboreal und Boreal zeigen kalkreiche Mudden die zunehmende Erwärmung und biotische Entwicklung der Müritz mit einem Seespiegel um 58–59 m ü. NN. Begleitet von Schwankungen, zeigt der Seespiegel seit dem Subboreal einen an-

Wasserspiegelentwicklung der Müritz vom Spätglazial bis heute. Gut zu erkennen sind die Tiefenzonen von drei Rinnen, welche die Müritz in südwestlicher Richtung queren.

1. *Rezenter Wasserspiegel bei 62 m ü. NN*
2. *Hoher Wasserspiegel im 13. Jh. bei ca. 64,5 m ü. NN*
3. *Tiefer Wasserspiegel im Boreal bei ca. 57 m ü. NN*

steigenden Trend und lag schließlich ungefähr bei 60,5 m ü. NN. Im Verlauf des frühen 13. Jh. wurde der Seespiegel der Müritz erstmalig künstlich auf ca. 62 m ü. NN angestaut mit der Folge, dass im überschwemmten Bereich neue Uferlinien geschaffen wurden. In diesem Zusammenhang steht die Datierung von Ablagerungen nördlich der Halbinsel Großer Schwerin. Am Ostufer der Müritz an der Halbinsel Großer Schwerin bei Gneve wurde von KÜSTER & LORENZ (2007) die Basis eines Strandwallsediments mit Absolutdatierungen (OSL) auf 1300 n. Chr. datiert.

Jahr	Ereignis	Wasserspiegel [m ü. NN]
12. Jh.	natürlicher Wasserstand	60,50
1220 ↑	Mühlenstau Plauer Mühle	62,00
1609 ↑	Erhöhung Mühlenstau	63,54
1684 ↑	Mühle Eldenburg	63,57
1700 ↑	Mühle Lenz	63,82
1722 ↓	Versandung am Lenz	63,79
1737 ↑	Erhöhung Mühlenstau	64,35
1739 ↓	Aufhebung Mühlenstau Mühle Eldenburg	62,86
1775 ↑	Erhöhung Mühlenstau	63,30
1803 ↓	1. Elderegulierung	62,30
1826 ↑	Verbau am Lenz	62,50
1836 ↓	2. Elderegulierung	62,00

Wasserspiegelentwicklung der Müritz nach historischen und archäologischen Befunden (gekürzt aus RUCHHÖFT 2002).

Die Müritz wird von der Elde durchflossen und ist mit den nordwestlich angrenzenden Gewässern des Kölpinsees und Fleesensees verbunden. Ab dem frühen 13. Jh. wurde der Seespiegel der Müritz in mehreren Stufen um 3,5 m auf ein künstliches Niveau um 64 m ü. NN erhöht. Durch Regulierungsarbeiten an Elde und Havel zwischen 1798 und 1834 wurde der Seespiegel wieder abgesenkt, wodurch am flachen Ostufer der Müritz eine mehrere Kilometer breite Seeuferterrasse trocken fiel. Der normale Wasserspiegel liegt heute um 62 m ü. NN. Durch die Seespiegelabsenkung der Müritz verlandeten die flachen Uferbereiche mit breiten Schilfgürteln. Vor allem am flachen östlichen Müritzufer entwickelte sich eine üppige Sumpflandschaft. Die über Jahrhunderte betriebene extensive Weidewirtschaft am Ostufer der Müritz bewirkte die Herausbildung von Hutungen, die zu den artenreichsten Landschaften in Mecklenburg-Vorpommern gehören.

Zur Methode der OSL-Datierung s. Seite 102 im Kap. „Die Entschlüsselung des Eiszeitalters durch Datierungen"

Östlich vom Müritz-Nationalparkweg sieht man kurz den Feisnecksee (**46**) mit der Burgwallinsel. Der Feisnecksee ist mit ungefähr 3,1 km Länge und 600 m Breite wie die Binnenmüritz ein Rinnensee, der an seiner tiefsten Stelle immerhin 13,5 m tief ist. Diese zentrale Müritz-Rinne verläuft in Richtung SW über den Warnker See und durch das zentrale Müritzbecken bis zur länglichen Bucht des Binnensees bei Röbel. In Spaltensystemen und Becken wurden zwischen Toteisblöcken glazifluviale Kiessande abgelagert. Durch das späte Austauen der benach-

Feisnecksee mit Burgwallinsel

Röbel s. Seite 85

barten Toteisblöcke bilden diese Ablagerungen heute häufig Hügel (in der Geomorphologie spricht man von Reliefumkehr), die je nach dem regionalgeologischen Kontext als Oser oder Kames gedeutet werden. Die Burgwallinsel im Feisnecksee besteht in ihrem Kern aus glazifluvialen Kiessanden, die während der Zerfallsphase des subglazialen Schmelzwassersystems abgelagert wurden. Zur Entstehung der Burgwallinsel existiert auch eine sagenhafte Erklärung: Ein Riesenmädchen ging mit einer Schürze voll Sand durch den See. An der Stelle der heutigen Burgwallinsel riss das Schürzenband und die ganze Sandladung fiel ins Wasser. Dort ließ es sie liegen, und so ist die kleine Sandinsel entstanden (gekürzt n. NIEDERHÖFFER 2002).

Wienpietschsee mit Moorsteg

Der Müritz-Nationalparkweg (Wegsymbol = blaues „M") führt am Zeltplatz vorbei zur Gaststätte Waldschänke. Nach 2 km kann man einen kleinen Abstecher zum fast vollständig verlandeten Wienpietschsee (**47**) machen und auf einem Spaziergang über den Moorsteg die Flora und Fauna eines Verlandungsmoores betrachten. Als nächstes folgt der Weg einem Teilstück des Rundweges um das Teufelsbruch am Warnker See (Wegsymbol = Glockenblume). Kurz vor dem Ziegenberg (76 m ü. NN) folgt diese Tour dem Rundweg zur Naturschutzstation Müritzhof (**48**) (Wegsymbol = Reh) in südlicher Richtung. Durch die Absenkung des Wasserspiegels nach der Elderegulierung wurde ein südwestlich vom Müritzhof liegendes Tonvorkommen freigelegt (SCHMIDT 1962). Die glazilimnischen Ablagerungen wurden während der Rückschmelzphase in Becken abgelagert. Für die Verarbeitung des Rohstoffs wurde von der Stadt Waren 1848 am Müritzhof eine Ziegelei errichtet, die Steine, Fliesen und Rohre produzierte. Über den Ziegeleigraben wurden die Baustoffe in die Stadt Waren gebracht.

Naturschutzstation Müritzhof

Der Müritz-Nationalparkweg verläuft weiter am Nordufer des Rederangsees. Hier wurde im Großen Bruch in mehreren Torfstichen der Niedermoortorf abgebaut. Die Torfe wurden vor allem als Brennstoff genutzt. Nach ca. 2 km verlässt unsere Tour den Müritz-Rundweg für einen kleinen Umweg über Federow (Wegsymbol = Eichhörnchen). Das Dorf Federow wurde erstmals 1289 urkundlich erwähnt. Hier befindet sich eine Nationalpark-Informationsstelle (**61**) mit wetterunabhängiger Adlerbeobachtung am Bildschirm. Eine Besonderheit ist die Feldsteinkirche aus dem 13. Jh., die 2005 zu einer Hörspielkirche umgewidmet wurde. Besucher können im Sommer „erlesenen" Klassikern der Dichtkunst lauschen. Um die Kirche

NP-Infostelle mit Adlerbeobachtung in Federow

sind grobe Feldsteinmauern aufgetürmt. Die Findlinge zeigen, dass um Federow eine geschiebereiche Grundmoräne aus der Sanderfläche herausragt. Die Ziegelsteinproduktion spielte in der Region um Federow eine historische Rolle. Im Dorfzentrum führten Schmalspurgleise von der ehemaligen Ziegelei zu Lehmgruben westlich des Ortes.

Der Müritz-Nationalparkweg führt weiter in Richtung Schwarzenhof – Speck. Auf der Strecke liegen südlich der Straße flache Seebecken (Rederangsee, Specker See, Hofsee und Priesterbäker See). Bei Speck dominieren Sandböden auf dem Pommerschen Sander und den überlagernden Dünen die Landschaft. Da die kargen Sandböden ackerbaulich kaum Ertrag brachten, wurden sie vor allem für die Forstwirtschaft genutzt. Neben der Anlage von temporären Glashütten und Teeröfen wurden die ausgedehnten Waldflächen insbesondere für die Jagd genutzt. In den 1920er Jahren wurde ein Jagdschloss in Speck errichtet, das zwischen 1970 und 1989 im abgesperrten Staatsjagdgebiet von „Jagdfreunden" der DDR-Regierung genutzt wurde.

Der Müritz-Rundweg führt auf dem Plattenweg von Speck nach Boek. Auf diesem Teilstück wird es für Radfahrer ruhiger, denn hier dürfen nur Anlieger und die Nationalpark-Buslinie die Straße passieren. Nach ca. 1 km kommt eine Parknische für Fahrräder. Hier sollte man die Fahrräder parken, denn nun geht es zu Fuß zum Aussichtsturm auf dem Käflingsberg (100 m ü. NN) (**49**). Vom Turm hat man bei schönem Wetter einen hervorragenden Blick über die Müritz und den Nationalpark. Der Käflingsberg wurde in der geologischen Kartierung vor allem aufgrund seiner morphologischen Exposition als sandige Satzendmoräne kartiert (BREMER 1967, 2000). Die N – S-Orientierung und die Position zwischen den idealen Rinnenbecken des Zillmannsees und des westlich angrenzenden Priesterbäker Sees lassen eine Deutung als Schmelzwasserbildung in Rinnen und Spalten während des Eiszerfalls der Frankfurt-Phase zu. Durch das spätere Austauen der benachbarten Toteisblöcke bilden diese Ablagerungen heute häufig Hügel (Reliefumkehr), die je nach dem regionalgeologischen Kontext als Oser oder Kames gedeutet werden. Im Sinne dieser Interpretation werden der Käflingsberg und die nach S angrenzenden Höhen als glazifluviale Begleitablagerung der N – S-verlaufenden Schmelzwasserrinne gedeutet.

Aussichtsturm auf dem Käflingsberg

Der Ausblick rund um den Käflingsberg im Kurzüberblick: Der geologische Untergrund am Ostufer der Müritz umfasst im We-

Blick vom Käflingsberg nach Westen über den Priesterbäker See und die Müritz im Hintergrund.

sentlichen die Ebenen des Pommerschen Sanders, die lokal von Dünenfeldern überdeckt werden. In die Sanderfläche sind Seenketten eingelassen, die primär durch subglaziale Schmelzwassererosion während der Frankfurt-Phase angelegt wurden. Im Süden ist der Rinnenverlauf in den landwirtschaftlich genutzten Grundmoränen zwischen Schillerstorf und Roggentin zu erkennen. In Richtung NE dominiert die Hügelkette der Pommerschen Endmoräne die Landschaft zwischen Waren, Groß Dratow und Möllenhagen. Im Westen liegen die Müritz und dahinter die Grundmoränenflächen um Röbel. Mit dem Fernglas kann man dort die zwei Kirchtürme von Röbel und den Hotelhochbau von Klink sehen.

Dünen und Flugsande in der Boeker Forst

Die Tour folgt nun dem Müritz-Rundweg (Wegsymbol = blauer Müritzsee), der nach 1,5 km in Richtung Boek abbiegt. Vor allem in der südlich angrenzenden Boeker Forst sind weitflächig Binnendünen und Flugsanddecken im umliegenden Gelände zu sehen, welche die Sanderebene überdecken. Noch vor Schüttung des Pommerschen Sanders entwickelten sich im Zuge des Eiszerfalls der Frankfurt-Phase in der Grundmoräne lokale Staubecken mit glazilimnischen Beckentonen. Solche Tonvorkommen wurden unterhalb der Sandersande südlich des Woterfitzsees am Kanal zum Leppinsee (PETER 1967) und zwischen dem Ostufer des Woterfitzsees und Zartwitz kartiert (GEINITZ 1915).

Der Müritz-Rundweg führt weiter nach SW. Die Grundmoräne der Frankfurt-Phase liegt im Raum Boek bei ca. 60 m ü. NN und wird nur nordöstlich der Linie Boek – Wesenberg vom Pommerschen Sander bedeckt (SCHULZ 1996, LANGER & SCHULZ 1970). Von der Boeker Mühle folgt ein kurzer Umweg zum Campingplatz am Bolter Kanal. Hier lockt eine Badestelle mit schö-

nem Blick über die Müritz. Bei schlechter Wetterlage kann man von hier das Fahrgastschiff nach Waren oder Röbel nutzen. Der Rückweg zur Hauptstraße ist am besten über den Weg am Bolter Kanal zu erreichen (1 km). Von der Boeker Schleuse folgt man nun dem Müritz-Rundweg in Richtung Rechlin. Nach 1,5 km führt ein Feldweg nach rechts (W) zum Rundweg um das NSG Müritz-Steilufer. Man folgt am besten dem Weg in Richtung NW (rechts) und passiert die Wüstung von Klopzow, das wegen der militärischen Nutzung des Gebietes geschliffen wurde.

NSG Müritz-Steilufer

Nach ca. 2 km erreicht man das östliche Steilufer der Müritz (**50**). Von diesem exponierten Punkt kann man den Blick weit über die Müritz schweifen lassen. Der Wellenschlag der Müritz nagt am 6 m hohen Kliff, das aus Geschiebemergel und Sanden besteht. Die Ansammlung großer freigespülter Findlinge am Ufer bezeugt den Uferrückgang im Laufe der letzten Jahrhunderte. Das NSG Müritz-Steilufer dient dem Erhalt des geomorphologischen Formenschatzes mit seinen seltenen Tieren und Pflanzen. Es sollen besonders nährstoffarme Habitate wie Magerrasen und artenreiche Pfeifengraswiesen der Landschaft erhalten werden (JESCHKE et al. 2003). Im NSG wurden mehr als 90 Brutvogelarten nachgewiesen. Auch der Wendehals lebt in dieser dornenreichen Halboffenlandschaft. Als Wendehals wurden im Osten Deutschlands die zahlreichen Opportunisten bezeichnet, die 1989 eine politische Kehrtwende vollzogen. Man erkennt, dass vogelkundlich bewanderte Menschen bei dieser Namensgebung wesentlich beteiligt waren.

Luftfahrttechnisches Museum Rechlin

Vom Steilufer führt der Rundweg nun über die flache Grundmoräne nach SE. Der kleine Hafen in Rechlin-Nord liegt im alten slawischen Siedlungskern. In Rechlin befindet sich das Luftfahrttechnische Museum, welches Informationen zur Geschichte des Militärflughafens bei Lärz bietet. Zwischen 1926 und 1945 wurde der Standort von der Luftwaffe zu einer bedeutenden Erprobungsstelle ausgebaut.

Sprotsche Berg

Die Tour führt weiter durch den Ort Rechlin, der erst im Rahmen der militärischen Nutzung um den Bahnhof Ellerholz entstand. Im Osten des Ortes liegt der Sprotsche Berg, die mit 96 m ü. NN höchste Erhebung der Gegend. Der aus Kiessanden aufgebaute Hügel wurde vor allem wegen seiner morphologischen Prägnanz als isolierte Endmoränenkuppe gedeutet (HURTIG 1954/1955, RÜHBERG 1967). Diese genetische Interpretation ist nicht unumstritten, da der Hügelkomplex auch mit glazifluvialen Akkumulationsprozessen in Zusammenhang stehen könnte.

Die Tour folgt dem Müritz-Rundweg, der bei Vietzen die Müritz-Havel-Wasserstraße quert. Der angrenzende Sumpfsee ist Teil einer subglazialen Schmelzwasserrinne, welche weiter südlich durch die Seenkette zum Langhagensee gekennzeichnet ist. Die über 20 km lange Rinne lässt sich über die Frankfurter Eisrandlage hinaus nach S bis zum Dranser See bei Schweinrich in der Wittstocker Heide verfolgen (s. KEILHACK 1924). Bei Dranse wird die Schmelzwasserrinne auch von langgestreckten Osern begleitet (SONNTAG 2009). In westlicher Richtung quert man zwischen Vietzen und Vipperow eine ebene Sandfläche aus feinen Sanden, die als Beckenbildungen kartiert wurden (RÜHBERG 1967). Südlich von Vipperow am Westufer des Müritzsarms überlagern die Beckensande lokal Beckentone. Die Bändertone wurden zu Ziegeln verarbeitet und mit Schiffen zu den Baustellen an der Müritz transportiert. Diese glazilmnischen Sedimente wurden vermutlich während der Eiszerfallsphase der Frankfurt-Phase in Becken des ehemaligen Rinnensystems zwischen isolierten Toteisblöcken abgelagert. Da auch Schmelzwässer der Pommern-Phase auf ihrem Abfluss zum Elbe-Urstromtal diese Beckenzone querten, ist eine genaue stratigraphische Einstufung der Beckensedimente ohne moderne Absolutdatierungen nicht möglich.

Beckensande mit unterlagernden Bändertonen

An der Gaarzer Holländer-Windmühle quert man die Brücke über den länglichen Müritzarm. Der Müritzarm gehört zu einer größeren Schmelzwasserrinne, die sich unter der Müritz in Richtung NE fortsetzt. Der weitere Rinnenverlauf in Richtung SW ist über den Rönnbergsee bis zur Brandenburger Eisrandlage bei Wittstock zu erkennen (s. LIPPSTREU et al. 1997). Die natürliche Geländesituation mit der großen Müritz im Norden und der südlich angrenzenden Seenkette war für den historischen Handel ein großes Hindernis. Die Brücke bei Vipperow war schon im Mittelalter ein strategisch bedeutender Ort, denn hier verlief eine wichtige Handelsstraße in östlicher Richtung über Mirow nach Strelitz. Vipperow wurde schon 1178 erstmals in einer Urkunde erwähnt. Hier lag bis zum Ende des 12. Jh. ein bedeutendes Zentrum der Slawen, wovon Reste einer Verteidigungsanlage auf der nur 90x65 m großen Burgwallinsel in der Kleinen Müritz zeugen. Der Burgwall diente dem slawischen Murizaner-Stamm zwischen dem 10. und 12. Jh. als Fluchtburg und wurde im 12. Jh. endgültig zerstört. Aufgrund der archäologischen Befundsituation auf der Burgwallinsel Vipperow ist ein mittelslawischer (1000–1100 n. Chr.) Seespie-

Vipperow und Burgwallinsel

Die „Alte Burg" bei Ludorf ist ein mittelalterlicher Turmhügel mit einer riesigen Eiche.

gel um 61 m ü. NN belegt (KAISER 1996, 1998). Die Feldsteinkirche von Vipperow zeugt vom Steinreichtum der umliegenden Grundmoräne der Frankfurt-Phase. In lokalen Becken der Grundmoräne wurden in der Eiszerfallsphase glazilimnische Beckentone abgelagert.

Der Müritz-Rundweg führt über die Grundmoränenhochfläche über Zielow nach Ludorf. Manchmal müssen kleinere, zur Müritz orientierte Taleinschnitte überwunden werden. Der Ort Zielow liegt auf feinen Beckensanden, die weiter nördlich lokal auch mit Beckentonen vergesellschaftet sind (RÜHBERG 1967).

Zeugnisse ehemaliger Ziegeleien

Ungefähr 3 km westlich von Solzow befindet sich die Alte Ziegelei, die heute als Ferienunterkunft genutzt wird. Das historische Anwesen birgt Ruinen von Brennöfen aus dem 18. Jh., in welchen der umliegende Geschiebelehm zu Backsteinen verarbeitet wurde.

Ludorf und Burganlage Morin

Der Zeltplatz bei Ludorf liegt unmittelbar an der Müritz. Der geologische Untergrund besteht hier hauptsächlich aus fruchtbaren Lehmböden, die sich auf Geschiebemergel der Frankfurt-Phase entwickelten. Ungefähr 500 m nordöstlich von Ludorf führt ein kleiner Feldweg zum Burgwall der frühdeutschen Burganlage Morin (**51**) mit einer imposanten Eiche. Die ca. 600 Jahre alte Eiche weist besonders kräftige Queräste auf, die auf einen frühen Baumbeschnitt zurückzuführen sind. Der Turmhügel befindet sich nahe einer westlich gelegenen Moorniede-

Für mittelalterliche Bauten wie die Kirche in Ludorf sind großformatige Ziegelsteine (Klosterformat) und Feldsteinfundamente typisch.

rung. Der historische Name Lugdorf wird als „Dorf am Luche" (= Bruch, feuchte Moorniederung) gedeutet und beschreibt die geologischen Bedingungen. Am ehemaligen Burggraben liegen größere Feldsteine, die von den Bauern von den umliegenden Äckern aus Geschiebemergeln abgesammelt und hier abgeladen wurden.

Heimatstube und Landschaftsgarten in Ludorf

Am Dorfplatz von Ludorf sind an der Heimatstube (**68**) historische ackerbauliche Geräte ausgestellt. Das Gutshaus wurde 1698 im Fachwerkstil erbaut und bietet einen sehenswerten Landschaftsgarten. Für das Schlossfundament wurden auch bearbeitete Findlinge von der Burgruine Morin genutzt. Die angrenzende Gutskirche hat einen achtseitigen Grundriss. Wipert von Morin hat die Kirche im 13. Jh. nach dem Vorbild der Kirche vom Heiligen Grabe in Jerusalem erbauen lassen. Einzigartig in der Baugeschichte Mecklenburgs, lässt sich hier noch der orientalische Einfluss erkennen.

Seeterrasse mit fossilem Kliff

Die Tour folgt dem Müritz-Rundweg nach Gneve. Nach ungefähr 1 km biegt der Weg nach links in westlicher Richtung ab. Der uferparallele Weg verläuft über eine relativ ebene Fläche, die durch vermoorte Bereiche von der Müritz getrennt ist. Es handelt sich um eine relativ junge Seeterrasse, die erst seit dem 13. Jh. durch die künstliche Wasserspiegelanhebung der Müritz gebildet wurde. Der eingeebnete Seeboden der Seeterrasse liegt seit der Seespiegelabsenkung in der Mitte des

19. Jh. frei. Der Übergang zur Hochfläche ist sehr deutlich ausgeprägt und stellt das im späten Mittelalter bis in die Neuzeit gebildete, heute inaktive Uferkliff der Müritz dar.

Kiesgrube mit Aussichtspunkt bei Gneve

Nach einem kurzen Stopp an der mächtigen Urbuche erreicht man nach 500 m eine ehemalige Kiesgrube mit einem benachbarten Aussichtspunkt (**52**). Die Wände der stillgelegten Kiesgrube werden in den Sommermonaten von Uferschwalben für den Bau von Nesthöhlen genutzt. An der Aufschlusswand sind schräggeschichtete Sande mit Kieslagen erkennbar, die deutlich ein glazifluviales Ablagerungsmilieu anzeigen. Diese glazifluvialen Sedimente wurden von RÜHBERG (1967) als untere Sande kartiert, da sie noch von einem Geschiebemergel überlagert werden. Dieser Geschiebemergel bildet die Oberfläche der umgebenden Grundmoräne, die an der leicht welligen Oberfläche südlich vom Aussichtspunkt zu erkennen ist.

Halbinsel Steinhorn

Vom Aussichtspunkt in nordöstlicher Richtung ist die Halbinsel Steinhorn sichtbar, in deren Wäldern sich eine slawische Wallanlage versteckt. Die Hügel um das Steinhorn (78 m ü. NN) wurden von GEINITZ (1922) als Endmoräne kartiert. Diese Eisrandlage gehört als Poppentiner Randlage zum Eisrückzugszenario der Frankfurt-Phase. Sie wurde von HURTIG (1954/1955) als nördliche Zwischenstaffel bezeichnet, die östlich der Müritz keine endsprechende Fortsetzung hat. Die Endmoräne verläuft in nordwestlicher Richtung bis in das Gebiet Karow – Nossenti-

In der ehemaligen Kiesgrube bei Gneve sind schräggeschichtete Schmelzwassersande aufgeschlossen.

Blick über die Halbinsel des Großen Schwerin von der südlich angrenzenden Grundmoränenfläche über die mittelalterliche Seeterrasse bis zu den neuzeitlichen Vermoorungsflächen.

ner Hütte. Da in der Vergangenheit immer wieder Bernsteinfunde aus der Müritz bekannt geworden sind, rankt sich so manche lokale Sage um das „Gold des Nordens". Am Steinhorn soll im Wasser ein Bernsteinfelsen liegen, der nur in der Mittagsstunde von St. Johannis, also am 24. Juni, wie Gold und Silber glänzt. Zu lokalen Bernsteinfunden gibt es eine weitere Sage von einer Bernsteinnixe, die in der Müritz einen leuchtenden Bernsteinpalast bewacht, von dem Fischernetze und Stürme immer wieder einige Stücke abbrechen, die dann ans Ufer treiben (gekürzt n. NIEDERHÖFFER 2002).

Bernsteine an der Müritz

Aus geologischer Sicht zeigen uns reale Bernsteinfunde an der Müritz, dass durch das Inlandeis glazitektonisch bewegte Quarzsandschollen aus dem Miozän mit Braunkohlen und seltenem Bernstein im Müritzbecken abgelagert wurden. Versuche der Schatzhebung sollen in der Vergangenheit so manchem Fischer das Leben gekostet haben. Heute wird das vermeintliche Schatzgut neben der „abschreckenden" Wirkung der Sagen zusätzlich durch seine Lage im NSG geschützt.

Halbinsel Großer Schwerin mit Strandwällen

Westlich der länglichen Müritzbucht Zähner Lank liegt die Halbinsel Großer Schwerin, die als NSG den zahlreichen Vogelarten vorbehalten bleibt. Aufgrund der hohen Wasserstände der Müritz war die heutige Halbinsel zwischen dem 13. und Mitte des 19. Jh. eine Insel, um welche sich durch ufernahe Sedimentumlagerungen Strandwälle bildeten. Mit der Seespiegelabsenkung im 19. Jh. fielen diese Strandwälle trocken. KÜSTER & LORENZ (2007) datierten den Bildungszeitraum der Basislage einer dieser fossilen Strandwälle mittels OSL-Datierung auf ca. 1300 n. Chr.

Zur Methode der OSL-Datierung s. Seite 102 im Kap. „Die Entschlüsselung des Eiszeitalters durch Datierungen"

Nach kurzem Weg erreicht der Müritz-Rundweg das Dorf Gneve. Früher stand im heutigen Dorf eine Burganlage der sla-

wischen Fürsten von Güstrow-Werle. Der Burgwall war eine der wichigsten Verteidigungsanlagen der gesamten Müritzregion. Nach ca. 3 km Fahrt über die leicht gewellte Grundmoräne der Frankfurt-Phase erreicht man die Stadt Röbel. Der historische Ortskern liegt unweit des Binnensees, einer langgezogenen Bucht der Müritz. Der Binnensee ist die Fortsetzung einer Schmelzwasserrinne, die aus dem zentralen Müritzbecken nach SW zum Karchower See verläuft.

Mittelalterliche Stadt Röbel

Auf dem Weg nach W sieht man nun schon die Kirchtürme von Röbel. Wissenswertes zur Geschichte Röbels kann man sich auf historischen Stadtrundgängen selbst erwandern, denn an markanten Punkten wie Kirchen, Stadtmauer oder Kloster gibt es Informationstafeln. Der Stadtname soll sich vom slawischen Kriegsgott Raball ableiten. Das alte Röbel entstand im 10. Jh. als Vorsiedlung eines zentralen Burgwalls der Murizaner. Die unweit vom Hafen im alten Ortskern liegende Marienkirche (**53**) wurde 1226 auf einem slawischen Heiligtum erbaut. Hier soll der Tempelberg gelegen haben, auf dem Raball verehrt wurde und heidnische Priester orakelten. Diese heidnische Gottheit Raball war auch namensgebend für die Siedlung. Wenn ausreichend Zeit ist, sollte man sich keinesfalls den schönen Ausblick vom 58 m hohen Kirchturm über Röbel und die Müritz entgehen lassen. Der Bau der Nikolaikirche in der Neustadt wurde um 1250 n. Chr. begonnen. Mit ihren frühgotischen Zeugnissen ist sie einmalig im norddeutschen Raum. Die Stadt erhielt 1226 von Heinrich Borwin II. (Fürstentum Güstrow-Werle) das Schweriner Stadtrecht, welches 1261 auf die Röbeler Neustadt (Nova Civitas Robele) erweitert wurde. In der Neustadt von Röbel wurden vor allem deutschstämmige Siedler angesiedelt, die zur Selbstversorgung mit etwas

Die Bucht des Naturhafens nördlich der Marienkirche von Röbel ist die südwestliche Fortsetzung einer zentralen Schmelzwasserrinne in der Müritz.

Ackerland ausgestattet wurden (Ackerbürgerstadt). Während anderenorts deutsche und slawische Siedlungen verschmolzen, trennte noch im späten Mittelalter eine Mauer mit Graben die Neustadt von der slawisch besiedelten Altstadt. Der mittelalterliche Charakter der zweigeteilten Stadt blieb trotz mehrerer Stadtbrände erhalten.

Der Müritz-Rundweg führt über die Stadtrandsiedlung weiter am westlichen Müritzufer entlang bis nach Gotthun. Die Waldflächen um Marienfelde zeigen einen Wechsel im geologischen Untergrund, denn hier bilden feine Beckensande ein ertragarmes Bodensubstrat. Im Nordostteil des Beckens befand sich im 19. Jh. auf der Fläche der heutigen Badestelle an der Müritz eine Ziegelei. Die nach N angrenzende Grundmoräne gehört zur Frankfurt-Phase. Die anstehenden oberen Geschiebelehme wurden in mehreren Mergelgruben gewonnen und zu Ziegelsteinen verarbeitet. Der Ziegeleistandort war so gewählt, dass die Ziegelprodukte über den Wasserweg zu den Baustellen der Städte verschifft werden konnten. Die Mächtigkeit des oberen Geschiebemergels wird nach N geringer, lokal fehlt er auch (EIERMANN 1967). In der hügeligen Landschaft liegen viele vermoorte Sölle, deren Becken häufig von feinen Sanden umrahmt werden. Diese Grundmoränenlandschaft ist maßgeblich in einer Eiszerfallsphase entstanden, wo zwischen isolierten Toteisblöcken glazilakustrine Beckensedimente abgelagert wurden.

An einer Westkurve vor Gotthun wird das Relief deutlich hügeliger, denn nun dominieren Endmoränenhügel der Poppentiner Eisrandlage die Landschaft. Auf den frisch gepflügten Böden kann man häufig große Geschiebe finden, die den Geschiebemergel als bodenbildendes Substrat verraten. Das Westufer der Müritz ist in große Buchten gegliedert. Der Müritz-Rundweg führt zur Badestelle an der Sietower Bucht, von der man einen Blick über die nördliche Müritz hat. Die umgebenden bewaldeten Hügel bestehen aus Geschiebemergel und gröberen glazifluvialen Sedimenten, die von EIERMANN (1967) als Endmoränen der Poppentiner Randlage kartiert wurden. Im südlich angrenzenden Gebiet liegen viele vermoorte Sölle.

Endmoränen mit großen Geschieben

Die Tour führt vom Zeltplatz in westlicher Richtung nach Gotthun. Der historische Seespiegelhochstand der Müritz wird durch ein fossiles Steilufer (**54**) südlich des Radweges deutlich sichtbar. Der uferparallele Radweg verläuft hier auf der fossilen Seeterrasse unterhalb des fossilen Kliffs. Aus geologischer Sicht ist eine historische Kalkbrennerei bei Gotthun interessant. Der ehemalige Kalkabbau befindet sich ca. 800 m vom Zeltplatz entfernt an einer Biegung des Uferweges nach Gotthun. Hier befindet sich an der Oberfläche eine glazitektonisch umgelagerte Kreidekalkscholle. Die Scholle aus dem Turon (Oberkreide) gehört zu einem großen Schollenschwarm, der sich entlang der Poppentiner Randlage erstreckt und im west-

Fossile Seeterrasse mit Kliff bei Gotthun

Kreidekalkscholle

Vermoorte Sölle der Grundmoräne bei Gotthun.

Blick von der ehemaligen Schamper Wassermühle nach Nordwesten. Die tiefer liegenden Niederungen südwestlich (links) der Windmühle gehören zu einer subglazialen Schmelzwasserrinne.

lichen Bereich von Rohstoffgeologen als Malchower Kreidebezirk bezeichnet wird (BUDDENBOHM 2003).

Schamper Wassermühle

Am Schloss biegt man in westlicher Richtung dem Müritz-Radrundweg folgend zur Schamper Wassermühle ab. Die vom Kloster Dobbertin angelegte Mühle war zwischen 1351 und 1810 aktiv. Geologisch interessant ist der Standort der Schamper Wassermühle, da sie in der direkten Verlängerung der langgezogenen Sietower Bucht liegt. Genetisch gehört diese längliche Niederung zur nördlichen subglazialen Schmelzwasserrinne im Müritzbecken. Die nach SW orientierte Rinne ist bis zur Ortschaft Fincken deutlich zu verfolgen. Um den Verlust der Wassermühle auszugleichen, wurde 1810 auf dem Hügel eine Holländer-Windmühle errichtet. Die Windmühle wurde bis 1965 genutzt und steht heute unter Denkmalschutz. Eine lokale kulturhistorische Sehenswürdigkeit ist ein Großsteingrab aus der Jüngeren Steinzeit, das man über einen kurzen Umweg westlich der Mühle erreicht.

Sietow-Dorf und Sietower Bucht

Über Zierzow führt der Müritz-Rundweg weiter nach Sietow-Dorf. Die hohe Fruchtbarkeit der bindigen Lehmböden auf Grundmoränen zeigt sich im Dorfnamen: Sietow (slaw. = zytko) bedeutet Kornaue. Hier befindet sich ein kleiner Hafen sowie eine Bademöglichkeit mit schönem Ausblick über die Sietower Bucht. Die mittelalterliche Feldsteinkirche mit vollständiger Feldsteinmauer wurde 1344 geweiht. Am romanischen Nordgiebel wurden anfangs noch akkurat behauene Quaderfeldsteine für die Schlitzfenster verarbeitet. Dagegen wurden später für den Westturm nur noch grob behauene Feldsteine genutzt.

Am nördlichen Ortsausgang passiert man Hügel, die als Endmoränen der Poppentiner Randlage der Brandenburg/Frankfurter Rückschmelzphase kartiert sind (RÜHBERG 1967). Die Tour führt nun durch einen Erlenbruchwald in einer ehemaligen Bucht der Müritz weiter am Müritzufer entlang bis nach Sembzin. Ungefähr 2 km westlich des Weges liegt in der Grundmoräne im Hinterland der Poppentiner Randlage ein großer Schollenschwarm kreidezeitlicher Kalkgesteine. Dieser Schollenschwarm hat nichts mit dem „Schwarm" aus dem Roman von Frank Schätzing gemein, sondern bezeichnet eine Ansammlung von glazitektonisch umgelagerten Gesteinsschollen. Die Verbreitung der Kreideschollen kann man als helle Flächen erkennen, wenn die Ackerflächen rund um den Kahlen Berg (84 m ü. NN) zwischen Sembzin und Klink frisch gepflügt sind.

Kreidezeitlicher Schollenschwarm

Am Ufer der Müritz am nordöstlichen Ortsrand von Klink kann man unweit des Weges einen weiteren Zeugen der letzten Vereisung finden. Ein Riesenfindling (**55**) liegt am Rand einer fossilen Kliffkante, wo er durch die Wellen der Müritz freigespült wurde. Der Kristallinfindling weist ein Volumen von 15 m^3 auf (LUNG 2012). Der Findling hat an der Oberfläche Löcher, die als Fingerabdrücke eines Riesen gedeutet

Riesenfindling am fossilen Kliff bei Klink

Die Feldsteinkirche in Sietow.

Das Müritzeum in Waren hat die Form einer Arche.

wurden. In der Realität stammen die Löcher jedoch von einer geschlagenen Nut, die Steinschläger Mitte des 19. Jh. setzten. Aus dem Findling sollte nach der Spaltung eine Steinwalze für den Straßenbau werden.

Zwischen Müritz und Kölpinsee liegt das Neo-Renaissance-Schloss Klink. Die Landzunge zwischen den beiden Seen besteht aus glazifluvialen Kiessanden, die in großen Sandern vor der Pommerschen Eisrandlage geschüttet wurden. Der weitere Weg führt über den schönen Ausblick vom Bellevue zum Reek-Kanal bei Eldenburg. Der Müritz-Rundweg folgt dem westlichen Ufer der Binnenmüritz von Kamerun bis nach Waren.

Müritzeum in Waren

In Waren sollte bei einem Besuch der Altstadt auch das Müritzeum (**70**) mit eingeplant werden. Das Museum ist ein Aktionszentrum des Geoparks Mecklenburgische Eiszeitlandschaft. Im Gartengelände ist eine Findlingssammlung (**56**) ausgestellt. Eine Besonderheit ist der Usadeler Kartoffelstein. Dieser besteht aus bis zu 50 cm großen, kugeligen Verwachsungen. Die sekundäre Verhärtung einzelner Gesteinsbereiche entstand nach der Primärablagerung durch die Ausfüllung von Porenräumen. Da Kalzitkristalle makroskopisch nicht nachzuweisen sind, handelt es sich dabei vermutlich um sekundär ausgefälltes SiO_2. Als stratigraphische Herkunft des Kartoffelsteins wird das Oligozän angesehen (SCHULZ 1999). Ebenfalls sehenswert in dieser Sammlung ist der sogenannte Muschelstein. Der Sandstein ist mit Lagen von makroskopisch deutlich sichtbaren Molluskenschalen versehen und stratigraphisch dem Mittleren Jura (Oberer Dogger, Callov) zuzuordnen (SCHULZ 1999). In den Sammlungsräumen im Müritzeum wird u. a. auch die Geschiebesammlung des mecklenburgischen Naturforschers ERNST BOLL aufbewahrt.

Waren wurde schon um das Jahr 150 n. Chr. vom klassischen Geographen Claudius Ptolomäus in seiner Karte als „Virunum" dargestellt und ist damit die erste namentlich erwähnte Siedlung Mecklenburg-Vorpommerns. Der Name der Stadt geht auf den germanischen Stamm der Warnen (Variner) zurück und ist einer der ältesten Lokalbezeichnungen dieser Region. Die heutige mittelalterliche Stadt wurde um 1260 an einer Handelsstraße vom Stargarder Land in Richtung Wismar gegründet. Die alte Stadtanlage befindet sich im Bereich des Alten Marktes an der Georgenkirche, die 1273 erstmals erwähnt wurde. Wenig später entstand um die Marienkirche die Neustadt, welche schon 1325 mit der Altstadt vereint wurde.

Eiszeitlehrpfad um den Tiefwarensee

Der Rundweg um den Tiefwarensee ist als Eiszeitlehrpfad angelegt. Der ca. 10 km lange Wanderweg am nördlichen Stadtrand ist mit 17 Stationen versehen. Am besten beginnt man die Tour an der ersten Station am Parkplatz am Friedhof. Hier befindet man sich noch auf der Sanderebene im Vorland der Pommerschen Endmoräne. Der Weg führt über eine Landenge zwischen dem Melzer- und dem Tiefwarensee. An dieser Stelle treffen sich zwei Rinnen, die, zur nördlichen Müritz-Rinne vereint, über die Binnenmüritz bis Sietow-Leizen zu verfolgen ist. Der nordöstliche Zweig verläuft über den Lehmkuhlenbruch und endet an der Pommerschen Eisrandlage. Am Haltepunkt Nr. 5 wurde 2002 ein Profil im Pommerschen Sander (**57**) angelegt, an dem man die groben Schmelzwassersedimente studieren konnte. Leider verschlechtert sich der Zustand des Aufschlusses im rolligen Kiessand schnell. Die glazifluvialen Schrägschichtungen sind nur an einer frisch präparierten Wand zu erkennen. Aus bodenkundlicher Sicht ist zu bemerken, dass hier unter der normal entwickelten Braunerde im oberen Profilteil zusätzlich noch eine Bänderparabraunerde im mittleren Profilteil ausgebildet ist.

Ein rolliges Sediment ist locker gelagert und neigt daher zum Verrollen/Verrutschen

Der Weg führt nun unmittelbar am östlichen Ufer des Tiefwarensees entlang der Pommerschen Endmoräne. Man bemerkt die Endmoräne am bewegten Hangrelief östlich des Weges, welches zudem noch von kleineren Seitentälchen, wie z. B. der Wolfsschlucht, belebt wird. Am Aufschluss Nr. 7 (**58**) be-

In einem Profil im Pommerschen Sander am Tiefwarensee waren 2002 die Eisenbänder der Bänderparabraunerde gut zu erkennen.

findet man sich am unmittelbaren Rand der Endmoräne. Dort sind Geschiebemergel und feinsandige Beckenschluffe aufgeschlossen. An einer Tafel werden die Begriffe Grund-, Ablations- und Stauchendmoräne erläutert. Der Weg führt über vermoorte Wiesen am Stadtgraben von Waren entlang, welche die nördliche Fortsetzung der Tiefwarensee-Rinne darstellen. Von einem Aussichtsturm hat man einen schönen Blick über den Rinnensee und die angrenzende Endmoränenlandschaft, welche sich nach W in das hügelige Waldgebiet fortsetzt. Die subglazial angelegte Schmelzwasserrinne beginnt in der Grundmoräne nahe der Ortschaft Faulenrost und kreuzt die Pommersche Eisrandlage. Nach SW verläuft die Rinne weiter zur Binnenmüritz. Die Station Nr. 12 befindet sich am Westufer des Sees auf einer Wiese, auf deren saurem Moorboden u. a. seltene Orchideenarten zu finden sind. Mit der vollendeten Umrundung des Tiefwarensees endet die Müritztour.

Die Entschlüsselung des Eiszeitalters durch Datierungen

In den vorstehenden Kapiteln wurde auf verschiedene Verfahren der Altersdatierung eingegangen, die im folgenden Kapitel kurz erläutert werden sollen. Die Entschlüsselung der Altersstellung von Ablagerungen und des Ablaufs des Eiszeitalters ist in den letzten Jahrzehnten verstärkt durch Absolutdatierungen gestützt worden. Vor der Nutzung der modernen Datierungsverfahren basierte sie vor allem auf morphogenetischen Modellvorstellungen.

Ein Herzstück der Geochronologie ist die Biostratigraphie, welche die Spektren von fossilen Faunen- und Florengesellschaften nutzt, um die relative Altersabfolge der Ablagerungen zu bestimmen. Die Erfassung und Einstufung biogener Fossilien ist unter dem Fachbegriff Paläontologie zusammengefasst. Der Däne NILS STENSEN (lat. Nicolaus Steno) gilt als der Begründer der Geologie und Paläontologie. Dieser berühmte Naturforscher lebte das letzte Jahr vor seinem Tode im Jahre 1686 in Schwerin. Stensen beschrieb 1669 die Entstehung von Sedimentgesteinen und ihre ursprünglich horizontale Lagerung. Große Verwerfungen im Lagerungsverbund von Sedimentgesteinen erklärte er durch Deformationen, die erst nach deren Ablagerung stattgefunden haben. Auch formulierte er das Grundgesetz der Stratigraphie: obere Schichten sind jünger als die unterlagernden (Superpositionsprinzip), und er deutete Fossilien als Überreste von Lebewesen.

Die Pollenanalyse – eine relative Altersdatierung

Obwohl sich die moderne Eiszeitforschung zumeist mit Ablagerungen der lebensfeindlichen Eiszeitperiode beschäftigt, werden auch paläontologische Daten zur relativen Alterseinstufung genutzt. Eine wichtige Quelle zur Untersuchung der regionalen Landschaftsgeschichte ist die Pollenanalyse. Die Methodik der Pollenanalyse wurde in Deutschland seit den grundlegenden Arbeiten von CARL ALBERT WEBER und FRANZ FIRBAS (1949) kontinuierlich weiterentwickelt.

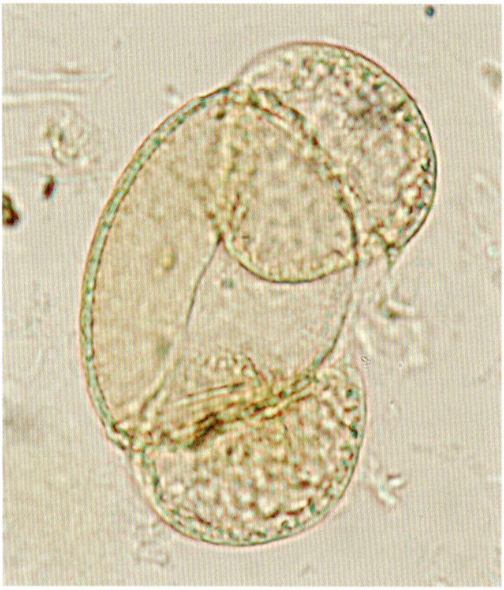

Die Kiefer (Pinus) bildet 60–85 µm große Pollen mit zwei Flugsäcken, die einen optimalen Windtransport ermöglichen. Viele kennen die gelben Ränder in Pfützen, die in der Blütezeit nahe großer Kiefernforsten hauptsächlich aus Kiefernpollen bestehen; Foto: J. Strahl.

In Seesedimenten und Moortorfen wurden Jahr um Jahr immer wieder neue Schichten mit darin enthaltenen Pollen von Bäumen, Sträuchern und Gräsern abgelagert, die unter Luftabschluss erhalten blieben. Pollenanalytiker erfassen den Polleninhalt statistisch und bestimmen aus den Mengenverhältnissen der Pollenarten die Vegetationszusammensetzung jeder beprobten Schicht. Das Pollenprofil zeigt eine Vegetationsentwicklung, die auf Änderungen der ökologischen Standortbedingungen und das Klima reagierte. In den Seen und Mooren sind somit fossile Pollenspektren von Pflanzengesellschaften archiviert, die durch paläoökologische Auswertungen auch Aussagen zur Klimageschichte zulassen. Zum Beispiel finden sich wärmeliebende Baumarten wie Linde oder Ulme vor allem in Sedimentschichten aus wärmeren Klimaabschnitten. In kälteren Klimaabschnitten gehen sie dagegen stark zurück und werden durch kälteresistente Arten wie Birke und Kiefer ersetzt. Ähnlich verhält es sich bei der Pollenzusammensetzung von Kräutern, Gräsern und Sträuchern sowie anderen Resten von Pflanzen, die ebenfalls für die paläobotanische Untersuchung genutzt werden.

Nach der letzten Vereisungsphase kam es in den wärmeren Interstadialphasen des Bølling und Allerød zur Ausbildung von lichten Pflanzendecken. Der minerogen dominierte Sedimenteintrag in Seebecken im Spätglazial führte dort zur Ablagerung von Tonmudden. In flachen Senken konnten sich in den wärmeren Interstadialen des Spätglazials erste Torflager bilden. In den wärmeren Abschnitten des Bølling und Allerød herrschte eine parkartige Landschaft mit Birken und Kiefern vor. Im östlichen Mecklenburg-Vorpommern und in Nordostbrandenburg wurde in vielen Seebecken und Mooren in Allerød-Schichten eine hellgraue, nur wenige Millimeter dünne vulkanische Aschelage nachgewiesen, die aus einer kräftigen Eruption des Laacher-See-Vulkans in der Eifel vor 12 900 Jahren stammt. Diese Laacher-See-Tephra (LST) wurde vom Wind nach NE ver-

Basistorf aus dem Spätglazial (Allerød-Interstadial?) unter Kalkmudde eines verlandeten Sees (Dobbiner Plage bei Dobbertin).

weht und findet sich mit abnehmender Mächtigkeit innerhalb eines Streifens zwischen der Eifel und der Insel Gotland in vielen Seesedimenten. In den kühlen Stadialen des Spätglazials entwickelte sich Dauerfrostboden, auf welchem Tundrengesellschaften dominierten.

Pollenprofil vom Frauentog See am Grapenwerder

Das folgende Beispiel eines Pollenprofils vom Frauentog See am Grapenwerder bei Penzlin (STRAHL 2008) soll verdeutlichen, wie die Pollenanalyse die regionale Vegetationsentwicklung erfasst und auch zur Erforschung der Besiedlungsgeschichte beiträgt. Die biostratigraphische Zonierung der Vegetationsphasen (Pollenzonen, PZ) basiert auf der Gliederung nach FIRBAS (1949). Am Grapenwerder Bruch setzte die limnische Entwicklung erst mit dem finalen Toteisabtauen in der Jüngeren Dryas ein. Charakteristisch für das jungdryaszeitliche Vegetationsbild ist eine erhebliche Ausbreitung von Wacholder (*Juniperus*), Süßgräsern, Heidekräutern (*Ericaceae* p. p.) und Beifuß (*Artemisia*). Die relativen Anteile der Birke (*Betula*) liegen noch bei mehr als 30 %, wogegen die Kiefernwerte schon unter 20 % abfallen. Aufgrund der Pollenbefunde ist von offenen Landschaften mit Wacholder- und Birken-Strauchformationen auszugehen.

Grapenwerder s. Seite 67

Zur Gliederung des Weichsel-Spätglazials und Holozäns s. Tab. Seite 24

Im Präboreal (PZ: PB) gingen durch die beginnende Verschattung durch geschlossene Wälder Wacholder, Süßgräser und Beifuß zurück. Im Übergang zum älteren Boreal (PZ: B1)

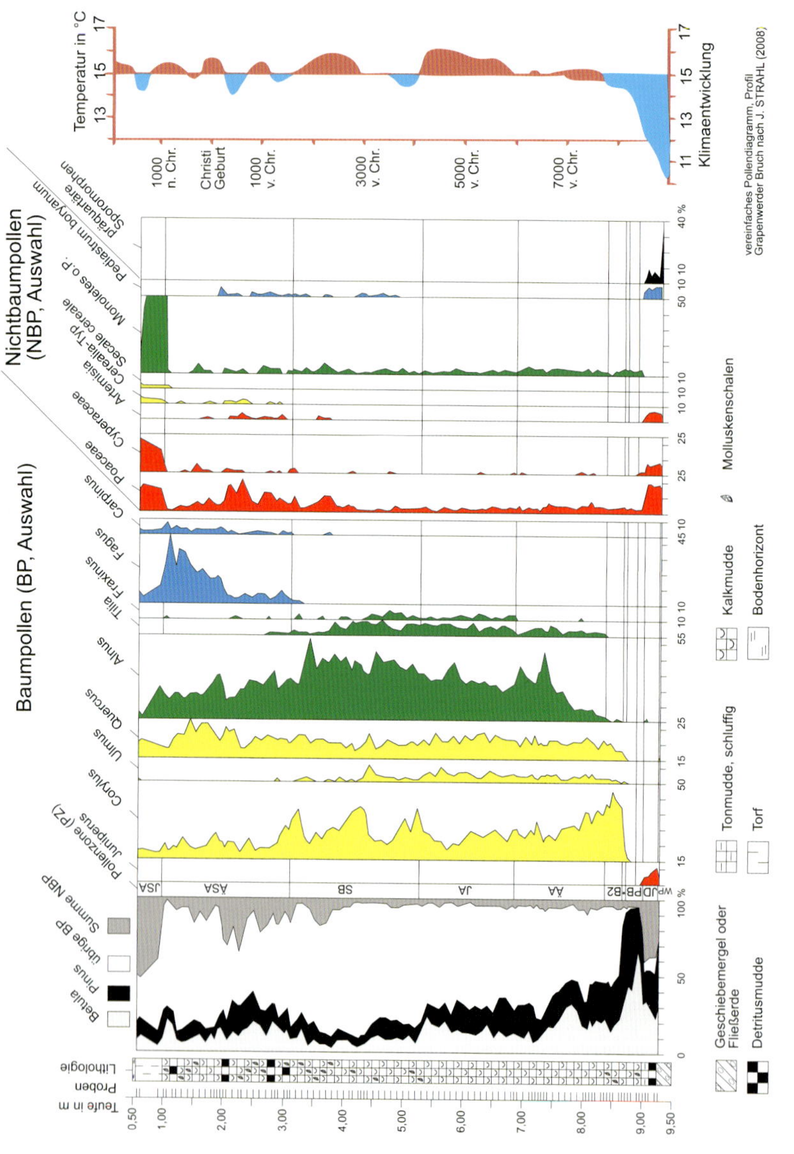

Vereinfachtes Spätglazial-Holozän-Pollendiagramm aus dem Frauentog See am Grapenwerder bei Penzlin (n. STRAHL 2008).

wurde die altholozäne Bewaldung durch die Kiefer (*Pinus*) dominiert, während die Birkenbestände immer weiter zurückgingen. Der Anteil der Hasel (*Corylus*) stieg an, blieb zunächst aber noch an Unterholzstandorte gebunden. Auffällig rasch erfolgte im jüngeren Boreal (PZ: B2) die Etablierung der Eiche (*Quercus*). Die Eiche wurde mit Überschreitung der 5-%-Marke während der Massenausbreitung der Hasel die waldbildende Hauptkomponente. In dieser Region war im Jüngeren Boreal ein eichen- und birkenreicher Hasel-Kiefern-Wald verbreitet.

Mit dem Erreichen des wintermilden und niederschlagsreichen holozänen Klimaoptimums konnten sich im Atlantikum thermophile Laubmischwälder entfalten, in welchen die Eiche die signifikanteste Gehölzart war. Neben der Ulme waren Linde (*Tilia*) und Esche (*Fraxinus*) verbreitet, die sich im Jüngeren Atlantikum weiter ausbreiteten. Aufgrund der fortschreitenden Verschattung wurde die Hasel nun aus den Laubmischwäldern verdrängt. Auf staunassen Arealen kam die Erle (*Alnus*) mit der Verbreitung von echten Erlenbruchwäldern im Subboreal (PZ: SB) auf.

Erste anthropogene Eingriffe in die natürliche Waldzusammensetzung sind durch den Rückgang der Ulme (*Ulmus*) dokumentiert, der auch auf Rodungsphasen zur Gewinnung von Weide- und Ackerflächen zurückgeführt wird (KEILING 1986). Unter den Gehölzen bestimmen jetzt neben der Hasel vor allem Eiche, Linde und Esche das Waldbild. Mit dem Rückgang von Ulme und Esche ist das Auftreten von direkten und indirekten Siedlungszeigern (Spitzwegerich, Ampfer, Süßgräser, Beifuß, Getreide) im Neolithikum verknüpft. Die jüngere bronzezeitliche Besiedlungsphase ist mit dem Auftreten von Hügelgräbern verbunden.

Hügelgräber bei Mollenstorf s. Seite 36 und bei Klein Vielen Seite 38

Das Ältere Subatlantikum (PZ: ÄSA) ist kühler und feuchter als das Subboreal. Die Vegetationsentwicklung erreichte mit der Einwanderung von Rotbuche (*Fagus*) und Hainbuche (*Carpinus*) eine Schattholzphase. Die vorrömisch-eisenzeitlichen und römisch-kaiserzeitlichen Siedlungen weiteten sich auf größere Flächen aus. Die Zunahme des Ackerbaus ist durch steigende Anteile von Getreidepollen nachgewiesen. Ausgenommen von den Rodungen blieb vorerst die bei den Germanen als Kultbaum geschätzte Eiche.

Das unmittelbar vor dem Steilanstieg der Rotbuchen-Kurve liegende Minimum von Siedlungs- und Ackerbauzeigern korreliert gut mit der germanischen Völkerwanderungsphase im 4. – 6. Jh. Die altslawische Besiedlungsphase ab dem 7. Jh. wird im Pollenspektrum durch das Auftreten des Saatroggens (*Secale cereale*) geprägt. In diesem Zeitraum kam es zu einer gravierenden Dezimierung der Bewaldung aufgrund der weitflächigen Ackerwirtschaft für den Getreideanbau. Kulturhistorische Zeugen dieser Siedlungsperiode sind die vielen slawischen Burgwälle dieser Region. Der lithologische Wechsel von Kalkmudde zu Niedermoortorf belegt die Verlandung des Grapenwerder Bruchs zu diesem Zeitpunkt. Die Lokalvegetation wird seither durch Farne, Sauergräser und Bruchwald beherrscht.

Absolutdatierungen

Die Altersbestimmung der Gesteine ist eine Kernaufgabe der Geowissenschaften, die eng mit dem stratigraphischen Grundgerüst zusammenhängt. Absolute Altersbestimmungen mit Jahresangaben erfolgen z. B. radiometrisch oder mittels Lumineszenzverfahren. Radiometrische Datierungen basieren auf der zeitabhängigen Änderung der Relation zwischen Mutter- und Tochternukliden, denn einige Nuklide sind instabil und zerfallen radioaktiv in stabile Nuklide.

Dendrochronologie

Die Dendrochronologie (griech. dendros = Baum, chronos = Zeit) beruht auf dem zyklischen, jährlichen Wachstum von Bäumen in Abhängigkeit von Klima und standortgebundenen Faktoren wie z. B. dem Wasserdargebot. Bäume nehmen Kohlendioxid aus der Atmosphäre und Wasser aus dem Boden auf, um daraus u. a. ihren Holzstamm aufzubauen. Das im Frühjahr gebildete Holz (Frühholz) wächst schnell, deshalb sind die aufgebauten Zellen größer und das Holz dadurch leichter. Im Sommer bildet sich durch verlangsamtes Wachstum etwas dunkleres Spätholz mit dichteren Zellen. Eine Sequenz aus Früh- und Spätholz bildet einen Jahresring. Die Jahresringe einer Holzprobe werden abgezählt und unter dem Mikroskop vermessen. Die Abfolgen von Jahresringen ergeben Jahresringsequenzen, die regional typische Wachstumsmuster erkennen lassen.

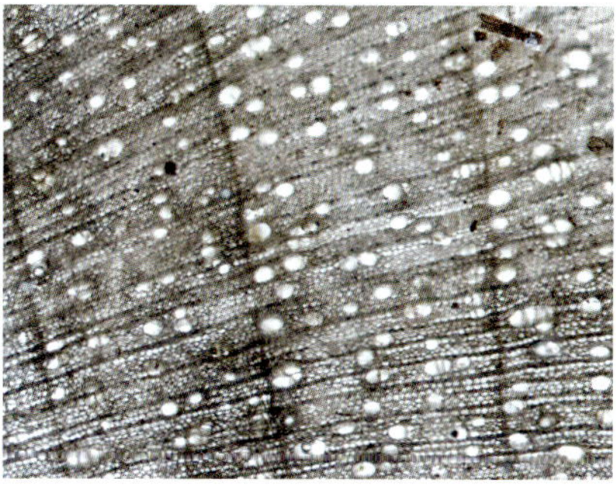

Dünnschliff mit Jahresringen einer Birke, die ein ^{14}C-Alter um 12 100 Jahren v. h. (Bølling-Interstadial?) hat. Präparation & Foto: H. Pieper, GFZ Potsdam, Fundort: früheres Seebecken der Dobbiner Plage bei Dobbertin.

Diese Jahresringsequenzen wurden aus tausenden Baumproben zu Jahresringchronologien zusammengefügt, die wiederum über ^{14}C-Datierungen kalibriert sind. Um das Alter einer ausgegrabenen Holzprobe bestimmen zu können, wird die Probe auf definierte Jahresringsequenzen untersucht und mit den vorhandenen Jahresringchronologien abgeglichen. So kann man mit Holz aus alten Bauwerken, Schiffen oder ehemaligen Fluss- und Seeablagerungen nicht nur das Wachstumsalter des Baumes datieren, sondern auch die Klima- und Umweltveränderungen am ursprünglichen Baumstandort bis zu 10 000 Jahre v. h. jahrgenau rekonstruieren. Diese Methode kann aber nur in Klimabereichen mit deutlich unterschiedlichen Jahreszeiten verwendet werden.

Radiokohlenstoffdatierung

Die wohl bekannteste radiometrische Methode ist die Radiokohlenstoffdatierung oder ^{14}C-Methode. Kohlenstoff-14 (^{14}C) ist ein radioaktives Isotop des Kohlenstoffs, das in der oberen Atmosphäre fortlaufend durch die Kollision von kosmogenen Neutronen mit Stickstoff entsteht. Das Spurenelement ^{14}C ist somit auch im atmosphärischen Kohlendioxid (CO_2) enthalten. Während das ^{14}C in Pflanzen primär durch Photosynthese aus der Atmosphäre eingebaut wird, nehmen es Tiere sekundär durch den Verzehr von Pflanzen oder anderen Tieren auf. Das ^{14}C wird im Körper eingebaut und bleibt z. B. im Skelett erhalten.

Stirbt das Lebewesen, wird kein frisches ^{14}C mehr in den Körper eingebaut und das vorhandene ^{14}C zerfällt mit einer Halbwertszeit von $5\,730 \pm 40$ Jahren zu ^{14}N (β^--Zerfall, Emission von je einem Elektron und Antineutrino). Das nach dem Absterben veränderte $^{14}C/^{14}N$-Verhältnis wird laborativ ermittelt. Die noch enthaltenen ^{14}C-Gehalte zeigen einen vergangenen Todeszeitraum an, mit dem man auf das Alter des Fossils bzw. der umgebenen Sedimente schließen kann. Ab dem Todeszeitpunkt fällt die Konzentration von ^{14}C steil ab. So kann dieser auch bei relativ jungen Proben bis auf wenige Jahrzehnte genau bestimmt werden. Die untere Grenze der ^{14}C-Datierung liegt bei etwa 60 000 Jahren, da innerhalb dieses Zeitraums das früher vorhandene ^{14}C zerfallen ist.

Die Freisetzung von Kohlendioxid in die Biosphäre als Folgeerscheinung der Industrialisierung hatte in der Neuzeit den Anteil von ^{14}C um einige Prozent verringert. Im Gegensatz dazu wurde der atmosphärische ^{14}C-Anteil durch den künstlichen Input infolge oberirdischer Atombombenexplosionen erhöht. Diese modernen Effekte werden mittels einer Kalibrierungskurve der Radiokarbon-Skala ausgeglichen.

Datierung durch kosmogene Nuklide am Beispiel von Beryllium-10

Traditionell beschränkte sich die Geochemie stabiler Isotope aus messtechnischen Gründen weitgehend auf die fünf leichten Elemente Wasserstoff, Kohlenstoff, Stickstoff, Sauerstoff und Schwefel. In den letzten Jahren erweiterte sich dieses analytische Spektrum beträchtlich. Neue Methoden erlauben es, die Isotopenverhältnisse fast aller festen Elemente des Periodensystems hinreichend genau zu messen. Damit haben sich innerhalb kurzer Zeit zahlreiche neue, interdisziplinäre Anwendungen erschlossen (s. BLANCKENBURG 2008). Zum Beispiel ergeben sich durch in situ gebildete kosmogene Nuklide auf der Oberfläche von quarzhaltigen Findlingen Möglichkeiten für die Direktdatierung von Eisrandlagen und die Terminierung des Abschmelzens des Inlandeises.

Expositionsdatierungen basieren auf der in situ-Bildung und Anreicherung von kosmogenen Nukliden an der Erdoberfläche. Die einfallende kosmische Strahlung erzeugt z. B. ^{10}Be, ^{26}Al und ^{36}Cl. Je länger eine Oberfläche exponiert ist (Expositionszeit), umso mehr kosmogene Isotope reichern sich an Ort und Stelle (in situ) an. Die hier vorgestellte Datierungsmethode wird auf der Grundlage des kosmogenen Isotops Beryllium-10 (^{10}Be) durchgeführt. Durch die kosmische Strahlung werden auf quarzhaltigen Gesteinsoberflächen mit einer relativ konstanten Rate aus Sauerstoff und Silizium geringe Anteile von ^{10}Be-Atomen gebildet. Die Produktivität ist abhängig von der topographischen Höhe, der geographischen Breite, dem Magnetfeld der Erde, der Strahlungsgeometrie und einer möglichen Schwächung der Strahlung durch Abschirmung z. B. durch Bedeckung mit Vegetation, Boden, Wasser, Schnee oder Eis. Die Nuklide zerfallen nur sehr langsam mit einer Halbwertszeit von 1,36 Mio. Jahren, dadurch liegt der theoretische Datierbereich zwischen 10000 und 10 Mio. Jahren.

Da die Gesteinsoberflächen einiger Findlinge seit dem Gletscherabschmelzen aus dem Boden herausragen, kann man auf diesen das seitdem neu gebildete ^{10}Be messen (Expositionsdatierung). Es entsteht nur an der unmittelbaren Erdoberfläche, da die kosmischen Strahlen nur wenige Dezimeter in das Gestein eindringen. Eine wichtige Voraussetzung ist, dass diese Geschiebe nicht gedreht, künstlich freigelegt oder z. B. durch Steinschläger oder kultische Handlungen an der Oberfläche beeinträchtigt wurden. Man geht dabei davon aus, dass durch den inglazialen Gletschertransport von Skandinavien nach Norddeutschland alle älteren Gehalte der betreffenden Isotope aus der Findlingsoberfläche entfernt wurden. Durch die glazigene Erosion dieser „vererbten" Isotopengehalte wurde die radiometrische Uhr quasi wieder „auf Null" gesetzt. Eine unzureichende Erosion der Gesteinsoberfläche beim Transport im Eiskörper führt zur Erhaltung älterer, „vererbter" Gehalte kosmogener Nuklide, und damit zu Datierungsfehlern, die sich in zu hohen Altersangaben widerspiegeln.

Eine wichtige Anwendung ist die Bestimmung des Expositionsalters von Großgeschieben, die seit ihrer glazigenen Ablagerung mit der Oberfläche aus Grund- und Endmoränen herausragen. Die Probenentnahme erfolgt durch Abmeißeln eines leicht lösbaren Gesteinsstücks der exponierten Oberseite des Findlings. Dann werden über einen komplexen laborativen Aufbereitungsprozess die Quarzminerale aus der Gesteinsprobe extrahiert. Die Konzentrationen von ^{10}Be werden in einem Teilchenbeschleuniger bestimmt. Über die ^{10}Be-Konzentration kann man unter Einbeziehung der bekannten natürlichen Produktionsrate nunmehr den Zeitpunkt bestimmen, seit dem der Findling unbedeckt an der Geländeoberfläche liegt. Mit der Datierung des Ablagerungszeitraums der Großgeschiebe wird der lokale Deglaziationszeitpunkt und somit gleichzeitig das Alter der umlagernden Grundmoräne oder der Eisrandlage bestimmt. In Mecklenburg-Vorpommern wurde diese Datierungsmethode angewandt, um die regionale Eisdynamik der letzten Vereisung zu untersuchen (RINTERKNECHT et al., in Red.).

Optisch stimulierte Datierungsmethoden

Lumineszenz: Abgabe von Licht beim Übergang von einem angeregten Zustand zurück in den Grundzustand

Optische Datierungsmethoden gehören zu den dosimetrischen Verfahren, bei denen die Akkumulation von Schäden im Kristallgitter durch ionisierende Strahlung den zeitabhängigen Prozess bildet, der messbar ist. Mittels physikalischer Techniken ist es möglich, schon geringste Strahlenschäden in Mineralkörnern nachzuweisen und für die Altersbestimmung zu nutzen. Man unterscheidet nach der Wellenlänge zwischen Infrarot-stimulierter und durch grünes Licht stimulierte Lumineszenz.

Ab dem Zeitpunkt der Mineralbildung, z. B. der Erstarrung einer Gesteinsschmelze, akkumulieren sich im Kristallgitter Strahlungsschäden durch die Einwirkung der natürlichen Radioaktivität, deren gestörten Signale mit hochspezieller Messtechnik messbar sind. Dieser Prozess hält so lange an, bis das Mineralkorn z. B. durch Verwitterung und Erosion dem Tageslicht ausgesetzt wird. Das Tageslicht reduziert das Signal, was als Bleichung bezeichnet wird. Wenn die Bleichung komplett erfolgt ist, sind alle früheren Strahlungsschäden im Kristallgitter beseitigt. Dadurch wird die „Uhr" quasi auf Null gestellt. Wird das Mineralkorn beim Sedimentationsprozess erneut vom Tageslicht abgeschirmt, baut sich das latente Signal langsam wieder auf. Dieses Signal ist somit ein Maß für die seit der Ablagerung absorbierte Dosis, mit der man den Sedimentationszeitraum bestimmen kann. Das Mineral wird dabei als natürliches Strahlendosimeter genutzt. Eine unzureichende Bleichung bei der letzten Umlagerung führt zur Erhaltung älterer, „vererbter" Strahlungsschäden. Diese führen häufig zu Datierungsfehlern, die sich in zu hohen Altersangaben widerspiegeln.

Aktuelle Methoden an Einzelkörnern nutzen die Lumineszenzeigenschaften von Quarzkörnern für die Datierung bis 100 000 Jahre v. h. Bei zuvor gut gebleichten Kalium-Feldspäten kann man sogar bis 600 000 Jahre alte äolische, fluviale oder limnische Ablagerungen datieren. Vor allem äolische Sedimente wie Dünensande oder Löß eignen sich aufgrund ihres Transports unter Sonnenlicht für diese Datierungsmethodik.

Nützliches und Informatives

Informations- und Anlaufstellen

Die Nummern entsprechen den im Exkursionskapitel angegebenen sowie denen auf der Übersichtskarte im vorderen Umschlag.

Nationalpark-Informationsstellen

Die Nationalpark-Infos sind jeweils zu Ostern und von Anfang Mai bis Ende Oktober täglich von 10 – 17 Uhr geöffnet

Homepage: *www.mueritz-nationalpark.de*

Müritz-Nationalpark-Information Blankenförde (59)
Blankenförde 30, 17252 Roggentin
Tel.: 039829/229190

Ausstellung, Führungen, Bootstouren

Müritz-Nationalpark-Information und Gutshaus Boek (60)
Boeker Str. 36, 17248 Boek
Tel.: 039823/27064 oder 039823/21810

Auskunft, Ausstellung, Führungen, Zinnfigurenmuseum

Homepage: *www.mueritz-miniaturen.de*

Müritz Nationalpark-Information Federow (61)
Damerower Straße 6, 17192 Federow
Tel.: 03991/668849

Adlerbeobachtung am Bildschirm, Ausstellung, Führungen, Fahrradverleih

Müritz-Nationalpark-Information Friedrichsfelde (62)
Am Nationalpark 10, 17219 Ankershagen
Tel.: 039921/35046

Gutsschloss, Landschaftspark, Findlingsgarten, Ausstellung, Führungen

Müritz-Nationalpark-Information Kratzeburg (63)
Dorfstr. 31, 17237 Kratzeburg
Tel.: 039822/29665
Ausstellung, Führungen

Müritz-Nationalpark und Touristinformation Neustrelitz (64)
Strelitzer Str. 1, 17235 Neustrelitz
Tel.: 03981/253106 oder 03981/253119
Homepage: *www.neustrelitz.de*

Müritz-Nationalpark-Information Schwarzenhof (65)
Schwarzenhof 15, 17192 Kargow
Tel.: 03991/33410
Ausstellung, Führungen

Müritz-Nationalpark und Tourist Information Waren (66)
Neuer Markt 21, 17192 Waren (Müritz)
Tel.: 03991/747790
Homepage: *www.waren-tourismus.de*

Findlingsgärten

Findlingsgarten Friedrichsfelde (4)
Lage: Im Gutspark Friedrichsfelde

Findlingsgarten Prälank (11)
Lage: Auf dem Büteberg bei Prälank-Kalkofen

Findlingsgarten Wesenberg (16)
Lage: Wustrower Chaussee, 17255 Wesenberg

Museen, Ausstellungen und Führungen

Alte Burg Penzlin (67)
Warener Chaussee 55a, 17217 Penzlin
Tel.: 03962/210494

Hexenkeller, Ausstellung und Museum

Homepage: *www.penzlin.de/d_burg*

Heimatstube und Gutsschloss in Ludorf (68)
Gutshaus Ludorf, Rondell 7, 17207 Ludorf/Müritz
Tel.: 039931/8400

Schloss, Führungen, Agrarausstellung

Homepage: *www.gutshaus-ludorf.de*

Heinrich-Schliemann-Museum in Ankershagen (69)
Lindenallee 1, 17219 Ankershagen
Tel.: 039921/3252

Ausstellung zu Archäologie, Kulturgeschichte und Troja, Feldsteinkirche

Homepage: *www.schliemann-museum.de*

Müritzeum Waren (70)
Zur Steinmole 1, 17192 Waren (Müritz)
Tel.: 03991/633680

Diverse thematische Ausstellungen, Eiszeiterlebnis, Findlingssammlung

Homepage: www.mueritzeum.de

Museum und Touristen-Information in Wesenberg (71)
Burg 1, 17255 Wesenberg
Tel.: 039832/20621

Mittelalterliche Burganlage, ur- und frühgeschichtliche Sammlung, Ausstellung zu Flora und Fauna

Homepage: *www.wesenberg-mecklenburg.de*

Nationalparkamt Müritz (72)
Schlossplatz 3, 17237 Hohenzieritz
Tel.: 039824/252-0

Ausstellung zum Schloss und zur Preußischen Königin Luise, Parkanlage, Nationalpark-Informationen und Führungen

Homepage: *www.nationalpark-mueritz.de*

Naturschutzstation und Landschaftspflegehof Müritzhof (48)
Kontakt: Herr Heinzel, Mo. – Fr. von 8.00 – 15.00 Uhr
Tel.: 03991/6115412

Öffnungszeiten: 02.05. – 31.08. täglich von 10:00 – 18:00 Uhr

Homepage: *www.mueritz.de/landschaftspflegehof_mueritz-hof-18-4-2-31-32-33.html*

Slawendorf Passentin (73)
Dorfstraße, 17217 Passentin
Tel.: 03962/210105

Freiluftmuseum einer slawischen Siedlungsanlage

Vylym-Hütte Userin (74)
Am Bauernende 18, 17237 Userin
Kontakt: Bernd Schmidt
Tel.: 03981/204395

Öffnungszeiten: 27.05. – 23.08. zwischen 10:00 – 11:30 Uhr
Ausstellung zu Flora und Fauna

Weitere Informationsstellen

Fahrgast-Schifffahrt auf der Müritz

Homepage: *www.schiffahrt-mueritz.de*

Geopark Mecklenburgische Eiszeitlandschaft

Geowissenschaftlicher Verein Neubrandenburg e. V.
Ihlenfelder Straße 119, 17034 Neubrandenburg
Kontakt: Andreas Buddenbohm
Tel.: 0395/4224082

Informationen zu Landschaft und Kultur im Geopark, Aktionszentren und Eiszeitroute. Herausgabe der Publikationsreihe „Neubrandenburger Geologische Beiträge".

Homepage: *www.eiszeitgeopark.de*

Gesellschaft zur Erforschung und Förderung der Märkischen Eiszeitstraße e. V.

Poratzstraße 75, 16225 Eberswalde
Tel.: 03334/64270

Informationen zu Landschaft und Kultur entlang der Märkischen Eiszeitstraße. Herausgabe der Publikationsreihe „Entdeckungen entlang der Märkischen Eiszeitstraße".

Homepage: *www.eiszeitstrasse.de*

Landesamt für Umwelt, Naturschutz und Geologie Mecklenburg-Vorpommern (LUNG MV)

Goldberger Strasse 12, 18273 Güstrow
Tel.: 03843/7770

Karten und Broschüren zu Geologie, Umwelt und Naturschutz

Homepage: *www.lung.mv-regierung.de*

Touristen-Information und Haus des Gastes Röbel

Straße der Deutschen Einheit 7, 17207 Röbel/Müritz
Tel.: 039931/80113

Homepage: *www.stadt-roebel.de*

Tourismusverband Mecklenburgische Seenplatte e. V.
Turnplatz 2, 17207 Röbel/Müritz
Tel.: 039931/53828

Homepage: *www.mecklenburgische-seenplatte.de*

Empfehlenswerte Internetadressen

Kultur, Radfahren, Wandern, Seenplatte

www.mueritzeum.de
www.seenplatte-entdecken.de
www.kulturportal-mv.de
www.auf-nach-mv.de
www.kulturwerte-mv.de
www.gutshaeuser.de

Karten, Geopark, Naturschutz, Geologie, Seen

www.eiszeit-geopark.de
www.eiszeitroute.com
www.eiszeitlandschaft.de
www.eiszeitstrasse.de
www.umweltkarten.mv-regierung.de
www.lung.mv-regierung.de
www.waldglashuette.de
www.mueritz-nationalpark.de

Lage, Beschreibung und geographische Koordinaten wichtiger Lokalitäten

Die nachfolgend angeführten Koordinaten beziehen sich auf das World Geodetic System 1984 (WGS84). Die Nummern entsprechen den im Exkursionskapitel angegebenen sowie denen auf der Übersichtskarte im vorderen Umschlag.

	Lage und Beschreibung	Nordwert	Ostwert	Seite
1	**Burgwall Pieverstorf** Bronzezeitliche Wehranlage mit Info-Tafel am Weg	N 53,44654°	E 12,95493°	31
2	**Alte Schäferscheune** Rastplatz mit Blick auf Endmoräne	N 53,46844°	E 12,94528°	32
3	**Havelquelle Ankershagen** Ausgebaute Quelle mit Rastplatz und Info-Tafel	N 53,46799°	E 12,93584°	33
4	**Findlingsgarten Friedrichsfelde** Geschiebesammlung mit Info-Tafel am Weg	N 53,48413°	E 12,94844°	34
5	**Hügelgräber südlich von Mollenstorf** Bronzezeitliche Grabanlage mit Info-Tafel am Weg	N 53,49453°	E 13,03473°	36
6	**Kapellenberg Klein Vielen** Ausblick auf kuppige Grundmoränenlandschaft	N 53,44837°	E 13,02888°	37
7	**Hügelgräber südlich von Klein Vielen** Bronzezeitliche Grabanlage mit Info-Tafel am Weg	N 53,43984°	E 13,03000°	38
8	**Blockpackung Pieverstorf** Geschiebeansammlung in Pommerscher Endmoräne	N 53,45095°	E 12,96348°	39
9	**Glambecker See Neustrelitz** Rundweg um tiefen See einer Rinne	N 53,36543°	E 13,07047°	40
10	**Fossiles Steilufer am Zierker See** Seeterrasse durch Kanalbau freigelegt	N 53,34762°	E 13,03449°	42

	Lage und Beschreibung	Nordwert	Ostwert	Seite
11	**Findlingsgarten Büteberg bei Prälank** Geschiebesammlung mit Info-Tafeln	N 53,35712°	E 13,00290°	43
12	**Hohe Rhön bei Kratzeburg** Kiesrücken des Pommerschen Sanders zwischen Rinnen-niederungen	N 53,42268°	E 12,95314°	44
13	**Adamstein in Adamsdorf** Riesenfindling mit Widmung	N 53,42607°	E 13,01917°	44
14	**Halbinsel Helgoland am Zierker See** Alter Binnenhafen von Neustrelitz	N 53,36396°	E 13,05328°	45
15	**Burgfried Wesenberg** Mittelalterliche Burganlage mit Museum und Ausblick vom Burgfried	N 53,28074°	E 12,97236°	46
16	**Findlingsgarten Wesenberg** Geschiebesammlung mit Info-Tafeln	N 53,27709°	E 12,96339°	47
17	**Rotemoorberg bei Ahrensberg** Geschiebereicher Höhenzug mit periglazialer Überprägung	N 53,27480°	E 13,00238°	48
18	**Below-Teerofen** Standort einer historischen Teer-schwelerei	N 53,29000°	E 13,04146°	50
19	**Schleuse Voßwinkel** Kanalanlage des Havelausbaus	N 53,31359°	E 13,02433°	50
20	**Useriner Horst / Bauernberg** Kiessandrücken, glazifluviale Rinnenfüllung zwischen Toteis-blöcken	N 53,34356°	E 12,98404°	50
21	**Dünenfeld bei Zwenzow mit Wolfsfang** Dünen und historische Wolfs-fanganlage in einem Soll	N 53,30933°	E 12,93527°	52

	Lage und Beschreibung	Nordwert	Ostwert	Seite
22	**Havelstein am Havelbach bei Blankenförde** Rundweg mit Info-Tafeln vom Nationalpark	N 53,36197°	E 12,91031°	54
23	**Dünen bei Babke** Hügel und Flugsanddecken aus Dünensanden	N 53,36110°	E 12,86714°	54
24	**Blüchereiche bei Schillerstorf** Alte Eiche mit Gedenktafel	N 53,34896°	E 12,83709°	55
25	**Ausblick zum Krummen See** Ausblickspunkt auf Rinnensee	N 53,33079°	E 12,93365°	56
26	**Fischerei Babke am Havelkanal** Kanalisierte Havel mit Rastplatz und Info-Tafeln	N 53,36535°	E 12,89216°	57
27	**Fischadler-Beobachtungsplatz am Zotzensee** Rundweg mit wetterfester Hütte	N 53,38535°	E 12,89267°	58
28	**Beobachtungspunkt am Tannensee** Sterbender Wald durch Seespiegelanstieg	N 53,39103°	E 12,89370°	58
29	**Holzbrücke über den Pagelsee** Blick über Rinnensee mit Badestelle	N 53,39365°	E 12,88329°	59, 61
30	**Boots-Schienenbahn an der Havel** Technische Hilfe für Wasserwanderer	N 53,40495°	E 12,89889°	59
31	**Schaumberg unweit Kanustation Granzin** Kiessandrücken, glazifluviale Rinnenfüllung zwischen Toteisblöcken	N 53,40870°	E 12,90612°	60
32	**Ausblick Nürnberge bei Krienke** Blick über den Zotzensee mit Vogelbeobachtung	N 53,38393°	E 12,87198°	61
33	**Ehemalige Ziegelei Zartwitz** Alte Tongruben	N 53,36474°	E 12,83720°	62

	Lage und Beschreibung	Nordwert	Ostwert	Seite
34	**Niederung westlich von Lapitz** Rinne und Hügelkette glazifluvialer Genese zwischen Toteisblöcken	N 53,54724°	E 13,08678°	65
35	**Rastplatz am Wokuhlsee** Blick auf ideal geformten Rinnensee	N 53,53419°	E 13,07055°	65
36	**Alte Kiesgrube am Zieskensee** Oshügel und Rinnensee mit Badestelle	N 53,52878°	E 13,07665°	66
37	**Burgwall am Frauentog See** Historische Wallanlage auf Geländekuppe einer glazifluvialen Rinnenlandschaft	N 53,51781°	E 13,08978°	67
38	**Burgwall am Großen Stadtsee bei Werder** Historische Wallanlage auf Halbinsel in einem Rinnensee	N 53,49193°	E 13,09218°	68
39	**Findlingspyramide Tempelberg Lübkow** Grabanlage mit schönem Rundblick	N 53,48774°	E 13,10673°	68
40	**Blocksberg bei Penzlin-Neuhof** Alte Richtstätte (Galgenberg) mit schönem Ausblick	N 53,50523°	E 13,09922°	69
41	**Riesenstein an der Krappmühle** Riesenfindling mit anthropogener Überprägung	N 53,58778°	E 13,22096°	69
42	**Parkplatz Rundweg Malliner Wasser** Startpunkt Wanderweg durch das schöne Bachtal	N 53,58703°	E 13,21754°	69
43	**Rastplatz Zirzower Mühle** Staustufe der Mühle	N 53,57640°	E 13,19376°	71
44	**De groote Steen bei Blankenhof** Riesenfindling mit anthropogener Spaltnut an der Oberfläche	N 53,57250°	E 13,14394°	71

	Lage und Beschreibung	Nordwert	Ostwert	Seite
45	**Geothermieanlage Waren** Übertage-Technik und Gebäude	N 53,50941°	E 12,70176°	73
46	**Feisnecksee bei Waren** Rinnensee mit Burgwallinsel	N 53,50266°	E 12,68942°	75
47	**Rundweg am Wienpietschsee** Moorsteg mit Info-Tafeln zu Kesselmooren	N 53,48253°	E 12,67839°	76
48	**Naturschutzstation Müritzhof** Gebäude einer historischen Ziegelei	N 53,45090°	E 12,73539°	76
49	**Aussichtsturm Käflingsberg** Rundblick über die Müritz und den Nationalpark	N 53,42922°	E 12,85855°	77
50	**Müritz-Steilufer bei Rechlin** Aktives Kliffufer aus Sand und Geschiebemergel mit seeseitiger Blockanreicherung	N 53,37122°	E 12,74461°	79
51	**Burgruine Morin bei Ludorf** Mittelalterliche Burgruine mit alter Eiche (Naturdenkmal)	N 53,38545°	E 12,67157°	81
52	**Aussichtspunkt alte Kiesgrube am Steinhorn** Bodenprofil auf glazifluvialen Ablagerungen, Blick auf NSG Großer Schwerin mit Strandwall-bildungen	N 53,39008°	E 12,64681°	83
53	**Tempelberg Marienkirche Röbel** Blick auf Müritzbucht (Rinne), mittelaltlicher Kirchenbau	N 53,38127°	E 12,61205°	85
54	**Müritz-Steilufer Campingplatz Gotthun** Fossiles Uferkliff mit Seeterrasse, Blick auf Sietower Bucht (Rinne)	N 53,42754°	E 12,61239°	87
55	**Findling am Müritz-Steilufer Klink** Fossiles Uferkliff mit Seeterrasse, Riesenfindling, Müritz-Blick	N 53,47395°	E 12,62206°	89

	Lage und Beschreibung	Nordwert	Ostwert	Seite
56	**Findlingsgarten Müritzeum in Waren** Geschiebesammlung mit Info-Tafeln auf dem Gelände des Müritzeum	N 53,51606°	E 12,68238°	90
57	**Bodenprofil am Tiefwarensee** Haltepunkt Nr. 5 am Rundweg, Bodenprofil mit glazifluvialen Sanderablagerungen und Bänderparabraunerde	N 53,53332°	E 12,69446°	91
58	**Aufschluss am Rundweg Tiefwarensee** Haltepunkt Nr. 7 am Rundweg, Lehmprofil mit Info-Tafel zu Moränenablagerungen	N 53,53921°	E 12,69878°	91

Ortsverzeichnis

Literaturverzeichnis

Geologische Karten und deren Erläuterungen, touristische Karten

Berendt, G. (1894): Erläuterungen zur geologischen Specialkarte von Preußen und den Thüringischen Staaten – Blatt 3048 Joachimsthal. Preuß. Geol. Landesanstalt (Hrsg.), Berlin.

Börner, A., Schütze, K. & Geowissenschaftlicher Verein Neubrandenburg (2007): Geotouristische Karte „Geopark Mecklenburgische Eiszeitlandschaft“ im Maßstab 1 : 200 000. Landesamt für Umwelt, Naturschutz und Geologie Mecklenburg-Vorpommern (Hrsg.), Güstrow, ISBN: 3-9804117-8-8.

Bremer, F. (1967): Geologische Karte 1 : 25 000 – Blatt 2542 - Federow. Unveröffentl., VEB Geologische Erkundung Nord, Schwerin.

Bremer, F. (2000): Geologische Übersichtskarte von Mecklenburg-Vorpommern 1 : 500 000 – Oberfläche. Landesamt für Umwelt, Naturschutz und Geologie Mecklenburg-Vorpommern (Hrsg.), 2. Aufl., Güstrow.

Bull, A. (1966): Geologische Karte 1 : 25 000 – Blatt 2544 - Hohenzieritz. Unveröffentl., VEB Geologische Erkundung Nord, Schwerin.

Eiermann, J. (1967): Geologische Karte 1 : 25 000 – Blatt 2541 - Klink. Unveröffentl., VEB Geologische Erkundung Nord, Schwerin.

Harbarg, P. (2005): Radwanderkarte „Der Eiszeit auf der Spur“ – Eiszeitroute Mecklenburgische Seenplatte im Maßstab 1 : 100 000. Regionaler Planungsverband Mecklenburgische Seenplatte (Hrsg.), Neubrandenburg.

Haupt, J. (2002): Geologische Übersichtskarte von Mecklenburg-Vorpommern 1 : 500 000 – Präquartär und Quartärbasis. Landesamt für Umwelt, Naturschutz und Geologie Mecklenburg-Vorpommern (Hrsg.), 2. Aufl., Güstrow.

Keilhack, K. (1924): Geologische Übersichtskarte von Deutschland 1 : 200 000 – Blatt Neustrelitz. Preuß. Geol. Landesanstalt (Hrsg.), Berlin.

Krienke, H.-D. (1967): Geologische Karte 1 : 25 000 – Blatt 2743 - Ahrensberg. Unveröffentl., VEB Geologische Erkundung Nord, Schwerin.

Langer, H. & Schulz, W. (1970): Karte der an der Oberfläche anstehenden Bildungen im Maßstab 1 : 100 000 – Einheitsblatt 36 (Neubrandenburg). Zentrales Geologisches Institut (Hrsg.), Berlin.

Lippstreu, L., Hermsdorf, N. & Sonntag, A. (1997): Geologische Übersichtskarte des Landes Brandenburg 1 : 300 000. Landesamt für Bergbau, Geologie und Rohstoffe Brandenburg & Landesvermessung und Geobasisinformation Brandenburg (Hrsg.), Potsdam.

Peter, L. (1967): Geologische Karte 1 : 25 000 – Blatt 2543 - Kratzeburg und Blatt 2643 - Roggentin. Unveröffentl., VEB Geologische Erkundung Nord, Schwerin.

Rad- und Wanderkarte Mirow und Wesenberg, Maßstab 1 : 50 000, Klemmer Verlag, 2010, ISBN: 978-3-940175-12-0.

Rad- und Wanderkarte Müritz-Nationalpark, Maßstab 1 : 50 000, Klemmer Verlag, 2009, ISBN: 978-3-940175-01-4.

Rühberg, N. (1966): Geologische Karte 1 : 25 000 – Blatt 2444 - Penzlin. Unveröffentl., VEB Geologische Erkundung Nord, Schwerin.

Rühberg, N. (1967): Geologische Karte 1 : 25 000 – Blatt 2641 - Röbel (Müritz) und Blatt 2642: Rechlin. Unveröffentl., VEB Geologische Erkundung Nord, Schwerin.

Rühberg, N. & Bremer, F. (1992): Geologische Karte von Mecklenburg-Vorpommern, Karte der quartären Bildungen 1 : 200 000 – Blatt 23 Güstrow. Geologisches Landesamt Mecklenburg-Vorpommern (Hrsg.), Schwerin.

Sonntag, A. (2005): Erläuterungen zur Geologischen Übersichtskarte 1 : 100 000 – Blatt 4 Landkreis Uckermark. Landesamt für Bergbau, Geologie und Rohstoffe Brandenburg & Landesvermessung und Geobasisinformation Brandenburg (Hrsg.), Potsdam, 23 S.

Sonntag, A. (2010): Geologische Übersichtskarte 1 : 100 000 – Blatt 2 Landkreis Ostprignitz-Ruppin. Landesamt für Bergbau, Geologie und Rohstoffe Brandenburg & Landesvermessung und Geobasisinformation Brandenburg (Hrsg.), 1 Beiheft, Potsdam, ISBN: 978-3-7490-4178-7.

Literatur zur Geologie, Natur und Landeskunde

Agassiz, L. (1840): Études sur les glaciers. Jent et Gassmann, Neuchâtel.

Blanckenburg, F. v. (2008): Kosmogene Nuklide in den Geo- und Umweltwissenschaften. Geowissenschaftliche Mitteilungen-GMIT, 33: 6–21, Bonn.

Boll, E. (1846): Geognosie der deutschen Ostseeländer zwischen Eider und Oder. Verlag Brünslow, Neubrandenburg.

Börner, A. (2011): First results of detailed geological mapping at pipeline trench „OPAL" in Mecklenburg-Western Pomerania (NE-Germany) - In: XVIII Konferencja Stratygrafia Plejstocenu Polski: 19–20, Warszawa.

Börner, A. (2012): Mecklenburgische Eiszeitlandschaft. Edition Goldschneck im Quelle & Meyer Verlag, Wiebelsheim, 140 S.

Buch, L. v. (1827): Ueber einige geognostische Erscheinungen in der Umgebung des Luganer Sees in der Schweiz. In: Abhandlungen der physikalischen Klasse der Königlich-Preußischen Akademie der Wissenschaften: 193–204, Berlin.

Buddenbohm, A. (2003): Die Geopark-Aktionszentren. Neubrandenburger Geol. Beitr., Sonderausgabe 2003: 33–70, Geowiss. Verein Neubrandenburg (Hrsg.).

Bülow, W. v. (1969): Altpleistozäne Schotter (Loosener Kiese) in Südwestmecklenburg mit nordischen und südlichen Geröllen. Geologie, 18 (5): 563–589, Berlin.

Dames, W. (1886): Die Glazialbildungen der norddeutschen Tiefebene. In: Virchow, R. & Holtzendorf, Fr. v. (Hrsg.): Sammlung allgemeinverständlicher wissenschaftlicher Vorträge, XX, Serie H, Heft 479.

Deecke, W. (1907): Geologie von Pommern. Verlag Bornträger, Berlin.

DSK - Deutsche Stratigraphische Kommission (2010): Litholex – Lithostratigraphische Einheiten Deutschlands. www.bgr.de/litholex.

DSK - Deutsche Stratigraphische Kommission (2012): Stratigraphische Tabelle von Deutschland.

Firbas, F. (1949): Spät- und nacheiszeitliche Waldgeschichte Mitteleuropas nördlich der Alpen. Bd. 1: Allgemeine Waldgeschichte. Verlag Fischer, Jena.

Geinitz, E. (1915): Geologie von Mecklenburg-Strelitz. Mitt. A. d. Großherzogl. Mecklbg. Geol. Landesanstalt 28, Rostock.

Geinitz, E. (1922): Geologie Mecklenburgs. Carl Hinstorffs Hofbuchdruck, Rostock, 200 S.

Granitzki, K. & Stein, K.-J. (2009): Die Findlingsmauer in Hohenzieritz – eine Sehenswürdigkeit im Geopark. Neubrandenburger Geol. Beitr., 9: 54–67, Geowiss. Verein Neubrandenburg (Hrsg.).

Hurtig, T. (1954/55): Zur Frage des letztglazialen Eisabbaus auf der mecklenburgischen Seenplatte. Wissenschaftliche Zeitschrift der Ernst-Moritz-Arndt-Universität Greifswald, Mathematisch-naturwissenschaftliche Reihe, 4: 659–666.

Hurtig, T., Fukarek, F. & Stübs, J. (1957): Physische Geographie von Mecklenburg. Deutscher Verlag der Wissenschaften, Berlin, 252 S.

Jeschke, L., Lenschow, U. & Zimmermann, H. (2003): Die Naturschutzgebiete in Mecklenburg-Vorpommern. Umweltministerium Mecklenburg-Vorpommern (Hrsg.), Demmler Verlag, Schwerin, 730 S.

Kahlke, H.-D. (1984): Das Eiszeitalter. Urania Verlag, Leipzig, 192 S.

Kaiser, K. (1996): Zur hydrologischen Entwicklung mecklenburgischer Seen im jüngeren Quartär. Petermanns Geographische Mitteilungen, 140: 323–342.

Kaiser, K. (1998): Die hydrologische Entwicklung der Müritz im jüngeren Quartär - Befunde und ihre Interpretation. Zeitschrift für Geomorphologie, N. F., Suppl. Bd. 112: 143–176.

Kaiser, K., Schoknecht, T., Janke, W., Kloss, K. & Prehn, B. (2002): Geomorphologische, palynologische und archäologische Beiträge zur holozänen Landschaftsgeschichte im Müritzgebiet (Mecklenburg-Vorpommern). Eiszeitalter und Gegenwart, 51: 15–32.

Katzung, G. (Hrsg.) (2004): Geologie von Mecklenburg-Vorpommern. Schweizerbart, Stuttgart, 580 S.

Keiling, H. (1986): Archäologische Zeugen der jungsteinzeitlichen Bauernbevölkerung Mecklenburgs. Archäologische Funde und Denkmale aus dem Norden der DDR, Museumskatalog 5, Schwerin, 108 S.

Keiling, H. (1987): Die Kulturen der mecklenburgischen Bronzezeit. Archäologische Funde und Denkmale aus dem Norden der DDR, Museumskatalog 6, Schwerin, 116 S.

Küster, M., Hübener, T., Janke, W., Klamt, A.-M., Lampe, R., Lorenz, S. & Meyer, H. (2012): Zur jungquartären Landschaftsentwicklung der Mecklenburgischen Kleinseenplatte: Geomorphologische, bodenkundliche und limnogeologische Untersuchungen am Krummen See bei Blankenförde (Mecklenburg). Forschung und Monitoring Bd. 3., Nationalparkamt Müritz (Hrsg.), Geozon Science Media, Greifswald, 78 S.

Küster, M. & Janke, W. (2009): Neue Erkenntnisse zur Hydrologie der Oberen Havel in historischer Zeit. Neubrandenburger Geol. Beitr., 9: 40–45, Geowiss. Verein Neubrandenburg (Hrsg.).

Küster, M. & Lorenz, S. (2007): Die jungholozäne Morphogenese und Uferdynamik der Halbinsel Großer Schwerin in der Müritz (Mecklenburg). Naturschutzarbeit in Mecklenburg-Vorpommern, 50 (2): 49–55.

Küster, M., Lorenz, S. & Naumann, M. (2008): Nachweis einer spätglazialen Braunerde im Dünengebiet bei Blankenförde (Mecklenburg-Strelitz). Neubrandenburger Geol. Beitr., 8: 22–29, Geowiss. Verein Neubrandenburg (Hrsg.).

Küster, M. & Preusser, F. (2009): Late Glacial and Holocene aeolian sands and soil formation from the Pomeranian outwash plain (Mecklenburg, NE-Germany) [Spätglaziale und holozäne Flugsande und Bodenbildungen aus dem Pommerschen Sandergebiet (Mecklenburg, NE-Deutschland)]. Eiszeitalter und Gegenwart (Quaternary Science Journal), 58 (2): 156–163.

Küster, M., Ulrich, J., Fülling, A. & Schwabe, M. (2010): Geoarchäologische Befunde zur Landschaftsgeschichte an einem Dünenstandort bei Zartwitz, Lkr. Müritz. Archäologische Berichte aus Mecklenburg-Vorpommern, 17: 54–60.

Lampe, R., Lorenz, S., Janke, W., Meyer, H. & Küster, M. (2009): Die Landschafts- und Gewässergeschichte der Müritz – Umweltgeschichtlich orientierte Bohrungen 2004–2006 zur Rekonstruktion der nacheiszeitlichen Entwicklung. Müritz-Nationalparkamt (Hrsg.), Greifswald.

LITT, T., BEHRE, K.-E., MEYER, K.-D., STEPHAN, H.-J. & WANSA, S. (2007): Stratigraphische Begriffe für das Quartär des norddeutschen Vereisungsgebietes. In: Litt, T. (Hrsg.): Stratigraphie von Deutschland – Quartär, Eiszeitalter und Gegenwart (Quaternary Science Journal), 56, No. 1/2, special issue: 7–65.

Lorenz, S., Lampe, R., Janke, W., Meyer, H., Küster, M. & Hübener, T. (2008): Beckenentwicklung, Sedimentationsgeschichte und Paläohydrologie der Müritz in den letzten 14.000 Jahren. Neubrandenburger Geol. Beitr., 8: 42–49, Geowiss. Verein Neubrandenburg (Hrsg.).

LUNG (2012): Geotopkataster Mecklenburg-Vorpommern (Stand 2012). Landesamt für Umwelt, Naturschutz und Geologie Mecklenburg-Vorpommern (Hrsg.), Güstrow; online: www.umweltkarten.mv-regierung.de/script.

Lyell, C. (1840): On the boulder formation, or drift and associated freshwater deposits composing the mudd-cliffs of Eastern-Norfolk [Über die Geröllformation, oder Drift und zugehöriger Süßwasserablagerungen, aus denen das Mudd-Kliff im östlichen Norfolk besteht]. The London and Edinburgh philosophical magazine and journal of science (Serie 3), 16: 340–380, London.

Masurowski, G. & Mombour, D. (2009): Die Glashütten im Landkreis Müritz. Archäologische Berichte aus Mecklenburg-Vorpommern, Beiheft 12/13, 236 S.

Mathes, J. & Korczynski, I. (2007): Seenprogramm Mecklenburg-Vorpommern - Datenerfassung Seenkörper. Ministerium für Landwirtschaft, Umwelt und Verbraucherschutz Mecklenburg-Vorpommern (Hrsg.), Schwerin.

Müller, U. (2000): Neue Ergebnisse zur quartären Möllenhagener Rinne zwischen Waren und Neubrandenburg. Neubrandenburger Geol. Beitr., 1: 39–45, Geowiss. Verein Neubrandenburg (Hrsg.).

Müller, U. (2004a): Das Relief der Quartärbasis in Mecklenburg-Vorpommern. Neubrandenburger Geol. Beitr., 4: 67–76, Geowiss. Verein Neubrandenburg (Hrsg.).

Müller, U. (2004b): Jung-Pleistozän - Eem-Warmzeit bis Weichsel-Hochglazial. In: Katzung (Hrsg.): Geologie von Mecklenburg-Vorpommern. Schweizerbart, Stuttgart, S. 234–242.

Niederhöffer, A. (2002): Mecklenburg's Volkssagen. Reprint, 3. Aufl., Edition Temmen, Bremen, Rostock.

PENCK, A. (1879): Die Geschiebeformation Norddeutschlands. Zeitschrift der Deutschen Geologischen Gesellschaft: 200–201.

PENCK, A. (1882): Die Vergletscherung der deutschen Alpen. Ihre Ursachen, periodische Wiederkehr und ihr Einfluss auf die Bodengestaltung. Johann Ambrosius Barth, Leipzig.

Pfitzner, M. (1938): Das alte und das neue Strelitz. Volkskunde, Sagen, Flurnamen. Mit Ergänzungen von W. KARBE, Neustrelitz, 151 S.

Rahmstorf, S. (2003): Timing of abrupt climate change: A precise clock. Geophys. Res. Letter, 30, Nr. 10, 1510 S., doi:10.1029/2003GL017115.

Reincke, J. & Walter, R. (1998): Geologische Exkursionen. In: Granitzki, K. (Hrsg.): Geologie der Region Neubrandenburg. Industrie- und Handelskammer zu Neubrandenburg, Stadt Neubrandenburg: 94–114.

Reinhard, H. (1965): Das Pommersche Stadium südlich des Mecklenburgischen Grenztales. In: Gellert, F. (Hrsg.): Die Weichseleiszeit im Gebiet der Deutschen Demokratischen Republik. Akademie-Verlag, Berlin: 89–101.

Rinterknecht, V., Börner, A., Bourlès, D. & Braucher, R. (2013, in Red.): Cosmogenic 10Be nuclides dating of ice sheet marginal belts in Mecklenburg-Western Pomerania (northeast Germany) [Die Expositionsdatierung von Eisrandlagen in Mecklenburg-Vorpommern (Nordostdeutschland) mittels kosmogenen Beryllium-10]. Quaternary Geochronology, Special paper.

Ruchhöft, F. (2002): Wasserstände der Oberen Seen (Mecklenburg) in historischer Zeit. Greifswalder Geographische Arbeiten, 26: 197–200, Greifswald.

Rühberg, N. (1998): Die eiszeitliche Schichtenfolge und Entwicklung im Gebiet um Neubrandenburg. In: Granitzki, K. (Hrsg.): Geologie der Region Neubrandenburg. Industrie- und Handelskammer zu Neubrandenburg, Stadt Neubrandenburg: 31–40.

Schmidt, H. (1962): Zur Geologie und Morphologie des Naturschutzgebietes Ostufer der Müritz. Beiträge zur Erforschung mecklenburgischer Naturschutzgebiete, 1: 18–32, Greifswald.

Schulz, W. (1996): Die geologische Situation im Müritz-Nationalpark. Naturschutzarbeit in Mecklenburg-Vorpommern, 39 (2): 32–38.

Schulz, W. (1998): Streifzüge durch die Geologie des Landes Mecklenburg-Vorpommern. CW Verlagsgruppe, Schwerin, 192 S.

Schulz, W. (1999): Sedimentäre Findlinge im norddeutschen Vereisungsgebiet. Archiv für Geschiebekunde, 8: 521–600, Hamburg.

Schwarz, U. (1987): Die niederadligen Befestigungen des 13. bis 16. Jahrhunderts im Bezirk Neubrandenburg. Beiträge zur Ur- und Frühgeschichte der Bezirke Rostock, Schwerin und Neubrandenburg, 20, Deutscher Verlag der Wissenschaften, Berlin, 155 S.

Silberschlag, J. E. (1780): Geogenie oder Erklärung der mosaischen Erderschaffung nach physikalischen und mathematischen Grundsätzen. Verlag der Buchhandlung der Realschule, Berlin.

Stadtwerke Waren (2012): Fernwärme - die erste deutsche Geothermie. www.stadtwerke-waren.de/03,02,01.html, Zugriff: 19.12.2012.

Steno, N. (1669): De solido intra solidum naturaliter contento dissertationis prodromus [Vorläufer einer Abhandlung über Festes, das in der Natur in Festem eingeschlossen ist].

Strahl, J. (2008): Pollenanalytische Untersuchung der Bohrung am Frauentog See. Neubrandenburger Geol. Beitr., 8: 30–41, Geowiss. Verein Neubrandenburg (Hrsg.).

Tschepego, G. & P. Schüßler (Hrsg.) (2009): Walter Karbe's Kulturgeschichte des Landes Stargard von der Eiszeit bis zur Gegenwart. Thomas Helms Verlag, Schwerin, 467 S.

Winterfeld, G. A. von (1790): Vom Vaterlande des Meklenburgischen Granitsteins. Magazin für die Naturkunde und Oekonomie Meklenburgs, 3: 475–478, Schwerin.

Fossilien

FOSSILIEN ist Deutschlands einziges Magazin für Fossiliensammler und alle, die mehr über die faszinierende Welt der Versteinerungen wissen wollen!

FOSSILIEN erscheint 6 x im Jahr mit jeweils 64 Seiten.

In FOSSILIEN erfahren Sie alles über:

- **aktuelle Fundstellen im In- und Ausland**
- **die Präparation und Bestimmung von Versteinerungen**
- **das Neueste aus Forschung und Wissenschaft**
- **die Evolution von Pflanzen und Tieren**
- **aktuelle Veranstaltungen, Börsen und Ausstellungen**
- **Museen und Privatsammlungen**
- **neue Bücher und praktisches Sammlerzubehör**

FOSSILIEN wird von den renommierten Wissenschaftlern und Sammlern Dr. Günter Schweigert und Dr. Michael Maisch redaktionell betreut.

Überzeugen Sie sich selbst von der Vielfalt und Aktualität der Zeitschrift und lernen Sie **FOSSILIEN** unverbindlich kennen! Zur Bestellung eines Probeheftes nutzen Sie bitte die Karte in der Mitte dieses Buches.

edition Goldschneck im Quelle & Meyer Verlag
Industriepark 3 · D-56291 Wiebelsheim
Telefon 0 67 66 / 903-140 · Fax 0 67 66 / 903-320
E-Mail: aboverwaltung@humanitas-book.de
www.fossilien-journal.de